隕石でわかる

宇宙惑星科学

松田 准一 著

大阪大学出版会

はじめに

現代は、宇宙や太陽系の新しい世界像が今まさに私たちの前に開かれつつある時代です。火星などの惑星、月や衛星、小惑星の探査や国際宇宙ステーションの建設など、次々と新しいプロジェクトが推進され新しい発見があります。また、隕石（メテオライト Meteorite）の研究からもこれまで想像されていなかったようなことが、次々とわかってきました。

近代科学をうちたてた一人であるニュートンは、科学について「私は、浜辺で遊んでいて、普通より滑らかな小石や綺麗な貝殻を見つけるのに夢中になっている少年のようなものだ。そして、真理の巨大な海が未発見のまま眼前に広がっている」と述べたと伝えられています。

宇宙ステーションや月面基地の建設、惑星探査などは、この巨大な真理の海に乗り出すようなものです。巨大な海に乗り出すためには、遠くまで航海できる頑丈で設備の整った船が必要です。そういう船を造るには莫大な経費がかかりますが、間違いなく誰も見たことのない世界での新しい発見があるのは事実です。素粒子物理学の巨大加速器や巨大計算機も同様です。これらは巨大科学の成果です。

一方、私たち自然科学者は常に自然の謎の解明を目指して努力しているわけですが、ちょっとしたアイデアや変わった思いつきが研究のブレイクスルーになる時があります。そして、その過程こそが科学研究本来の面白さであり楽しさでもあります。海岸で自分一人で自分だけの貝殻を見つけるのが楽しいようなものです。

数学、物理、化学の分野は20世紀初頭から大きな進歩がありました。現在は、生物の分野が急発展している時代です。そして一番遅れているのが地学の分野です。地学を最新の物理学や化学の手法を使って研究する宇宙惑星科学にはまだまだ未知の研究分野がたくさん残っています。どういう最新鋭の設備を持っているかということでなく、研究者独自のオリジナリティーある発想が、面白い研究の進展につながることもあります。特に隕石など具体的な試料を使って行う惑星科学研究には、そういった面がたくさん残っているように思います。

この本では、私自身の行った隕石研究を中心に、このような科学研究本来の発想の面白さとともに、惑星探査による新しい発見など宇宙惑星科学の最新の成果も楽しんでいただくことを目指しました。宇宙惑星科学の世界への招待です。

すべてのイラストやロゴも私自身が描いてみました。科学者はいつも難しいことばかりを考えているのではなく、日常生活の中にあって研究を楽しんでいるのだということを、イラストなどから感じてもらえればと思います。

目次

$$R_{\mu\nu} - \frac{1}{2}Rg_{\mu\nu} = \frac{8\pi G}{c^4}T_{\mu\nu} - \Lambda g_{\mu\nu}$$

Coffee Break

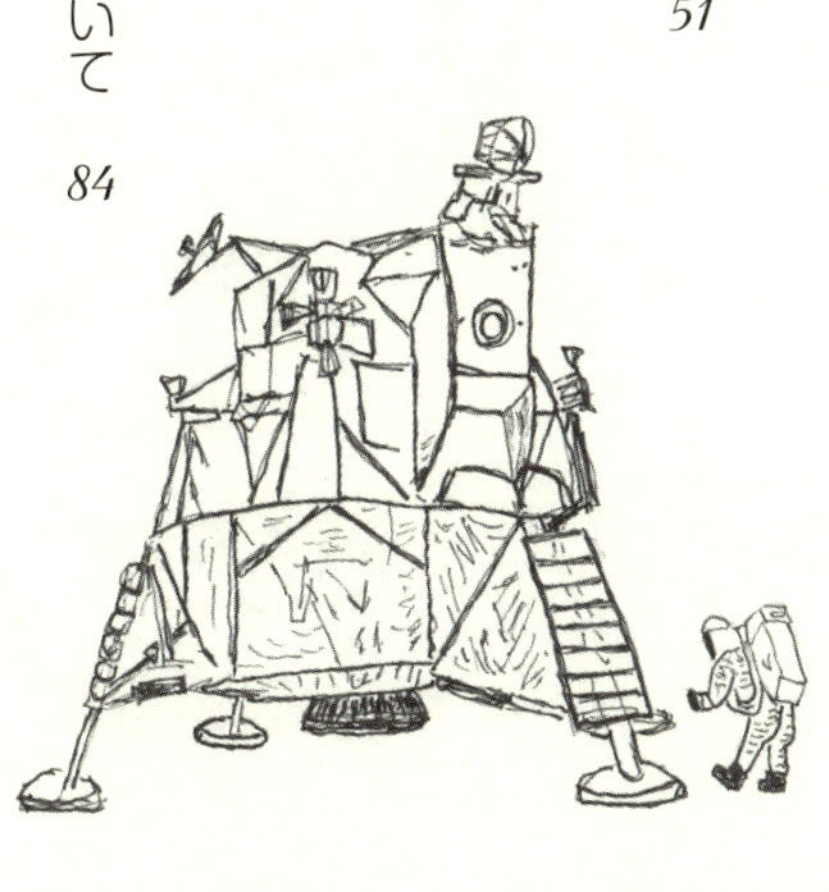

第3章　隕石・彗星のふしぎ　105

第1章

隕石がやってくる宇宙とは?

1　宇宙の構成

隕石は宇宙からやってくるものです。まずは、この宇宙がどういうものか、そこから見ていくことにしましょう。

目に見える宇宙にはたくさんの星と広い空間があります。自ら光を発している星を恒星、その周りを回っている星を惑星といいます。太陽は恒星で、その周りを回る地球や火星は惑星というわけです。惑星の周りを回っているのが衛星です。

太陽は私たちの「天の川銀河」（「銀河系」ともいいます）の中の一つの恒星です。現在では、銀河系は渦巻状に回転する円盤状の形で、その半径は約5万光年あることがわかっています。私たちの銀河系には太陽のような恒星が約2000億個もあります。太陽は、銀河系の中心から約3万光年のところに位置しています。

この「光年」というのは距離の単位です。1光年は光が1年間に進む距離のことで、約9兆5000億kmです。光は1秒間に地球の周りを7周半もする距離を進みますから、光が1年かかって到達する1光年というのは、いかに膨大な距離であるかが想像できると思います。宇宙は大変広いので、このような距離の単位を用います。

銀河系にある太陽に一番近い恒星は、ケンタウルス座の恒星、アルファ星ですが、この星でも、太陽から4・3光年も離れています。星が密集している銀河系内でもこのぐらいに星同士は離れていますから、宇宙というのは、本当に空間だけが大きく広がっていることがわかると思います。

さて、18世紀後半になって、ハーシェルが、太陽が天の川の中にあり、天の川銀河が円盤状構造をしていることを提唱しました。しかし、ハーシェルのモデルでは太陽が天の川銀河の中央にありました。20世紀になって、太陽が銀河系の中心から離れていることや渦巻状であることがわかったのです。

その後、このような銀河が数十個集まって「銀河群」、数百から数千個で「銀河団」をつくっていることがわかりました。

私たちの銀河系に一番近い銀河はアンドロメダ銀河です。しかし、近いとい

 っても約２００万光年も離れています。私たちの銀河系はアンドロメダ銀河など共に数10個の銀河で「局部銀河群」をつくっています。

私たちの銀河系に一番近い銀河団はおとめ座銀河団で、約５０００万光年離れたところにあります。また、このような銀河群や銀河団が集まって、「超銀河団」を形成しています。

このように、宇宙を観測すると、銀河は一様に分布しているのでなく、密集しているところと、していないところがあることがわかりました。

１９８６年、アメリカのゲラー達のグループは、天球上の角度にして１３５度の広がりと6度の幅の扇子のような空間領域にある、約１１００個の銀河の距離を測定しました。その結果、銀河が網目のようにつながって分布していて、銀河のまったくない領域（空洞）があることがわかりました。これが宇宙の「大規模構造」とか「泡構造」と呼ばれるものです。

台所で洗い物をしていて、中性洗剤の泡立つ様子が、銀河の網目模様の分布に似ているので、「泡構造」と名づけたということです。

その後の観測で、彼らは１９８９年までに、４０００個ほどの銀河の分布図

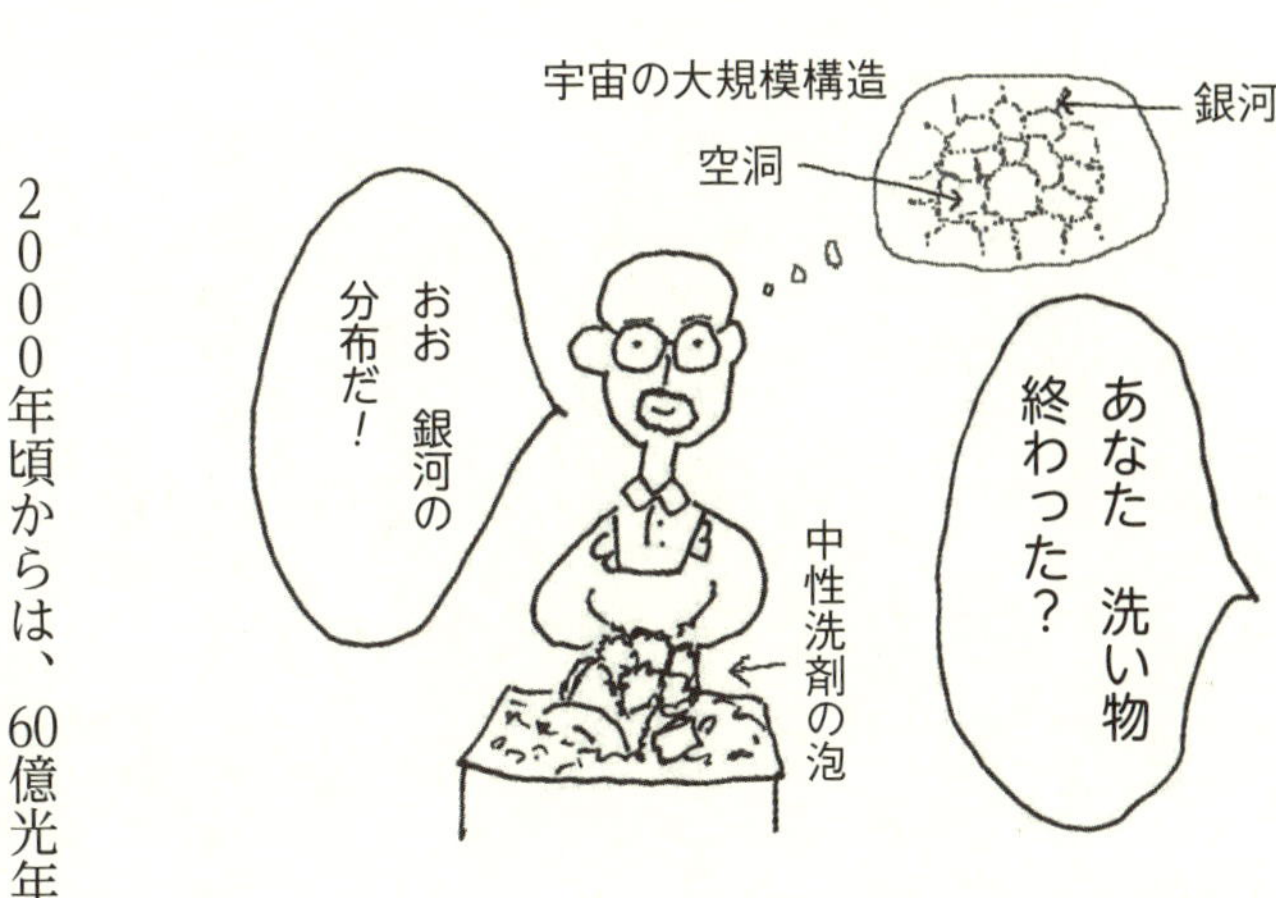

を完成させ、2億光年ほど離れたところに、銀河が壁状に広がって分布しているところを見つけました。これは、「万里の長城」のような壁ということで「グレイトウォール」と呼ばれています。ゲラー達が見たのは4億光年ぐらいかなたまでの領域でした。

別のグループは天球上の角度にして0・5度と0・5度という非常に狭い空間領域で、もっと彼方までの銀河の分布を調べました。ざっと60億光年ぐらい先までです。その結果、銀河の分布には密集に4億光年ぐらいの周期があることがわかりました。銀河の泡構造はずっと先まで続いているのです。

2000年頃からは、60億光年ぐらいまでの全宇宙の3次元地図作成を行うスローン・デジタルスカイサーベイ（SDSS）という計画も進みました。

なぜ、このような宇宙の泡構造ができたのでしょう。宇宙の初期に、ちょっとした物質の密度のゆらぎ（ばらつき）があり、それが成長したためと考えられています。物質が少し密集しているところでは重力が強く、その密集の程度がより強調されていく形で成長していったのです。

2　宇宙の広がり

宇宙は有限なのか無限なのかについては昔から議論がありました。たとえば有限の空間だとして考えてみます。１次元で有限の閉じた線となると、円周のようなものですが、どちらかの方向に進むと反対方向から戻ってきます。また、2次元で閉じた面となると、球面ですが、これもある点からどの方向に向かってもちょうどその反対方向から出発点に戻ってきます。ですから、3次元的に有限で閉じているということになると、空間のどの方向に向かっても、逆方向から戻ってくるということになります。

私たちは、そのような閉じた3次元の空間を想像することができません。しかし、アインシュタインの考えた宇宙というのは、そのようなものでした。彼はそういう解（答え）を得るため、自分の宇宙の構造を決める方程式に人為的にある項をつけ加えたほどです。しかし、それまでして得た解は大変不安定で、少しの変動で膨張したり、収縮してしまうことがわかっています。

現在、宇宙は猛烈な勢いで膨張していることがわかっています。これを発見したのはハッブルという人で、1929年のことです。ハッブルは、銀河の観測をして、遠くの銀河が地球からの距離に比例した速度（遠いものほど大きい速度）で遠ざかっていることを見つけたのです。これは「ハッブルの法則」として知られています。

銀河の後退速度は、「赤方偏移」というものを用いて測定しました。これは、音でいう「ドップラー効果」のようなもので、ドップラー効果は日常よく体験するものです。たとえば、パトカーのサイレンの音は、近づいてくる時には高い音ですが、通り過ぎて離れていく時には低い音になります。

これは、物体が近づいてくる時には、その物体から出た音（空気中の波）は後ろから押されて、波長が短くなり（振動数が大きくなる）、物体が遠ざかる場合は、引き延ばされて波長が長くなる（振動数が小さくなる）からです。

光も波なので、物体が近づいてくる時は波長が短くなり、実際の色よりも青く見えることになります（「青方偏移（せいほうへんい）」）。また、物体が遠ざかる時は、波長が長くなり、赤く見えることになります（「赤方偏移（せきほうへんい）」）。

地球から観測すると遠くの銀河にある星はすべて赤方偏移しており、私たちから遠ざかっているのです。そして、ハッブルは、遠くの銀河ほどこの赤方偏移の程度が大きい、すなわち大きな速度で遠ざかっていることを発見したのです。ハッブルの法則は、地球から見て宇宙全体が膨張していることを示唆しています。それでは、私たちのいる地球が宇宙の中心かというとそうではありません。

ハッブルの法則は、よく風船の上にマジックでいくつかの点のマークをつけておいて、それを膨らませた場合にたとえられます。ある一つのマーク点から考えると、他の点は、その距離に比例した速度で遠ざかって行きます。これは、風船上のどの点から見ても同じで、どの点からも、その点からの距離に比例して他の点は大きく離れていきます。

もっと簡単に、1次元で考えてもかまいません。円周上に均等に点を打ち、その円を2倍に引きのばしてみたとします。すると、その円周上のある基準点から隣の点までの距離が最初に1であったとすると、それが2になります。最初の基準点からその隣の隣の点は、距離が2であったのが、4になります。隣の点の距離の増加は1（2マイナス1）ですが、隣の隣の点の距離の増加は2（4マイナス2）になります。同じ時間内で、隣の隣の点の距離の移動は、隣の点の距離の移動の2倍ということになり、基準点より遠い点はその基準点より大きな速度で遠ざかっていることになります。しかも、これは、基準点を円周上のどこにとっても同じです。

このように、ハッブルの法則は宇宙が一様に膨張していることを示唆していて、私たち

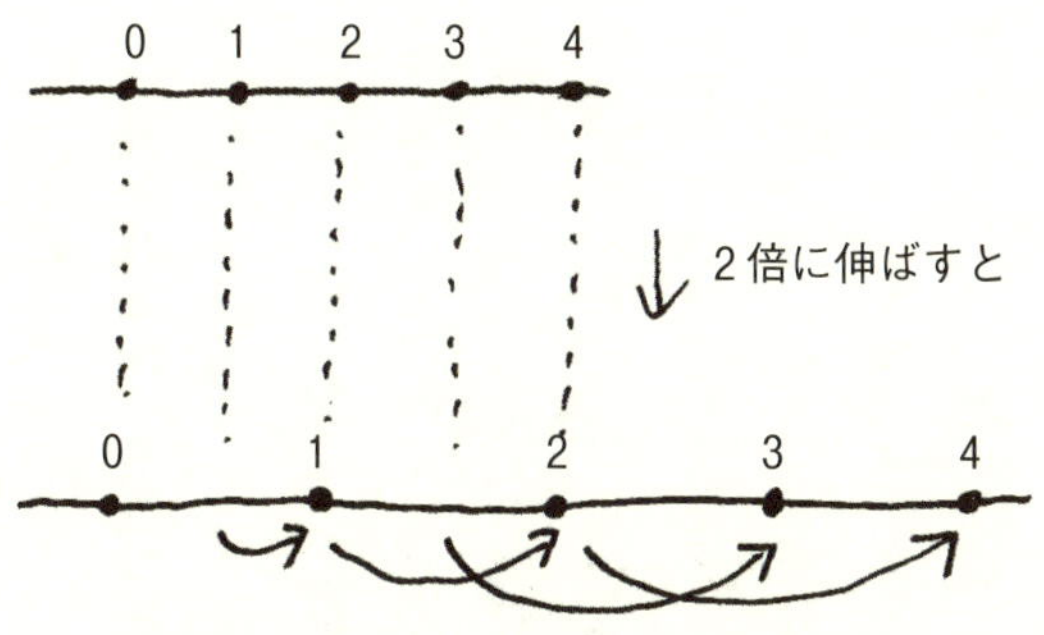

のいる地球も宇宙の特別な点ではないことを示しています。

地球から銀河が後退していく速度は、地球とその銀河の間の距離に比例します。その比例係数は「ハッブル定数」と呼ばれる一定の値です。そうすると、地球からずっと離れた距離にある銀河の後退速度は、その距離にこのハッブル定数をかけることになりますが、どこかで、光速度を超えることになります。

アインシュタインの相対性理論によれば、光より速い速度を持つものはないわけですから、この光速度を越えるところが、「宇宙の果て」ということになります。それは、約１３８億光年の距離のところです。この先は、私たちは見ることも知ることもできません。

この１３８億光年先というのは、その場所から光が地球に届くまでに、１３８億年かかっているということですから、私たちは１３８億年前の宇宙の昔の姿を見ているということにもなります。

ハッブル定数は、宇宙の年代とも関係する大変重要な定数で、その値を正確に決めようという努力がなされてきました。現在の値は、最初にハッブルが決めた値の約10分の1の値です。

ということは、最初にハッブルが決めた時には、データがかなりばらついていたということになります。さもないと、データが増えたといっても比例係数の値が10倍も変わることはありません。私もそのデータを見ましたが、よくこのデータから距離と後退速度に関係があるということを結論したなあと感心したぐらいです。

私たちの銀河系に一番近いアンドロメダ銀河は、銀河系から現在約250万光年離れていますが、この銀河からの光スペクトルは青方偏移しています。遠くの銀河が赤方偏移していて遠ざかっているのとは反対で、青方偏移しているということは、近づいていることを示しています。その近づく速度は時速約40万kmです。

このように、宇宙は全体として加速膨張していますが、近くの銀河同士は重力で引き合っているというわけです。このまま行くと、約40億年後には二つの銀河は衝突合体することが考えられます。

実は、このような銀河同士の衝突はめずらしいことではないようです。アンドロメダ銀河は、昔に別の銀河とも衝突した跡があるのです。また、宇宙の他の場所で銀河同士が実際に衝突しているのも観測されています。私たちの銀河系がアンドロメダ銀河に衝突合体して、その後に局部銀河群に残った他の銀河も、次々とこの巨大銀河に吸収されていくようです。

たとえ銀河同士が衝突しても、個々の星の間にはかなりの距離があるので、銀河の中の星同士が衝突することはないだろうと思われています。ところが、中性子星（質量の大きな星で主に中性子から成る星）と中性子星、あるいはブラックホールと中性子星の連星などが合体することはあるようです。その時にどのようなことが起こるかという研究が最近行われていますが、重力波の発生や鉄より重い元素が合成されるのではないかと推測されています。後から述べるように、鉄より重い元素の合成はこれまでは超新星爆発の時に起こると思われていたのですが、最近はその考えが変わりつつあるのです。

隕石の最近の研究から私たちの太陽系をつくった星がどのようなものであったかが、推測されているのですが（第3章「11　太陽系の形成以前の歴史」を参照）、元素の合成がどのような星で行われているのかは、これとも関係してきます。

3　宇宙の誕生

宇宙は無からできたといわれています。

ハッブルの法則によれば、遠くの銀河ほど大きな速度で遠ざかっています。つまり、現在の宇宙は膨張しているのです。ということは、時間を戻していくと、最初は一点になります。超高温・超高圧の状態で、それが宇宙の始まりです。

宇宙はその一点から大爆発（ビックバン）を起こして膨張しました。それは138億年前だといわれています。これは、遠くの銀河の遠ざかる速度が光速度になるところが、138億光年先になるからです。

最初の爆発から真空のエネルギー状態が変わる相転移（物質の状態が急に変わること）を起こしながら、四つの力（重力、強い力、弱い力、電磁気力）が分離していきます。まず、重力だけが分離し、その後、宇宙は恐ろしい勢いで膨張したと考えられています。それが、「宇宙のインフレーション」と呼ばれているものです。この時に宇宙は高温の火の玉になりました。強い力が分かれた時です。現在の宇宙が比較的平坦（2次元でいうと無限につづく平面のようなイメージ）なのは、このインフレーションにより、現在見えている138億光年以上先まで宇宙が膨張したためと考えられています。

その後、残りの二つの力（弱い力と電磁気力）もそれぞれ分かれ、初期宇宙の状態になります。宇宙は素粒子であるクォーク（陽子や中性子を構成する粒子）のスープのような状態です。その後、1秒後ぐらいまでに陽子や中性子ができるようになり、数分後には光子が宇宙のエネルギーを占めるようになり、原子核もできるようになります。

初めて光子（光を粒子としてとらえた言い方）が自由に長距離を動けるようになったのは、最初の爆発から約38万年後で、原子核と電子が原子をつくるようになります。これが「宇宙の晴れ上がり」といわれるものです。そして、この時の名残りが「宇宙マイクロ波背景放射」と呼ばれる、宇宙全体に絶対温度2・7K（ケルビン）（Kは絶対温度の単位で273Kが0℃）での熱放射があるものです。1964年にベンジアスとウィルソンによって実際に観測され、これがビックバンモデルの強い証拠となっています。

そして、数億年経過した頃から宇宙で第1世代の星の形成が始まったとされています。実は、星は爆発して物質をまき散らしたり、またそれが集積したりを繰り返し、宇宙の中で消滅したり、また新たにつくられたりしているのです。第1世代というのは宇宙で最初にできたものというわけです。

さて、宇宙がある一点から大爆発で始まったとしたら、その前はどうなっていたのだろうという疑問が起こります。

しかし、それには答えられないのです。私たちは、時間は一定の速度で流れていくものと考えているのですが、時間にも始まりがあるのです。

ビックバンの前には時間がありません（虚数時間があるという人もいますが）。ですから、その「ビックバン前」という時間を問うこと自体に意味がないのです。

また、ある点から始まったというと、その外側はどうなっているのだという疑問も出てきます。宇宙が現在も膨張を続けているならその向こう側ということにもなります。

しかし、それについても、その世界は私たちの認識できない世界です。その世界と私たちの世界は、情報をやり取りできない（因果関係を持てない）関係にあるのです。そういった意味で、この境界に対して、「事象の地平線」という言葉を使います。

ブラックホールの向こう側も、事象の地平線で隔たれていて、向う側の世界は私たちにはわかりません。

ですから、時間もビックバンから始まり、その前には何もなかった、すなわち、宇宙は無から時間と空間が始まったという言い方が適切なのです。

天地創造の日

この世界あるいは、宇宙がいつどのようにできたのかということについては、さまざまな地域に神話や伝承が伝わっています。現在では、多種多様な科学的な方法で推察されているわけですが、もちろん、昔の神話や伝承には荒唐無稽なものが多いようです。

マリ共和国のドゴン族の長老が、現在物理学で考えられているように「宇宙は無からできた。そして、急激に膨れて今のような宇宙になった」と述べたNHKの番組がありました。宇宙のインフレーション理論を考えた佐藤勝彦さんが彼の本の中で紹介しています。

「アインシュタインさんという人の理論にも同じような話があるのですが」

と問われると、そのドゴン族の長老は

「彼は、我々の話を聞いたんだろう」

と答えたということです。

ドゴン族には天文学に関係する神話がたくさんあります。そして、それらを調査したフランスの研究者がいて、面白い報告をしています。明るい一等星であるシリウスはドゴン族にとっては大変重要な星なのですが、ドゴン族は、シリウスが2個の星からなる連星であるということを昔から知っていたというのです。これは、大きなミステリーとされています。なぜなら、シリウスが連星であることがわかったのは、西洋では19世紀のことなのです。

一方、ドゴン族の調査をする前に、宣教師がドゴン族の村に入っており、ドゴン族は、宣教師から聞いた話をうまく自分たちの神話に取り入れたという説もあります。それなら、なるほどと納得できる話でもあります。

さて、天地創造の日を科学的に推定したという最初の例は、以下のようなものです。

旧約聖書に着目したのです。旧約聖書の始めに、キリストの前には誰がいて、その親は誰と、延々と人物名が書かれた箇所があります。これから、キリストから最初の人間であるアダムとイブまで何世代あったかがわかります。そこで、その世代数に当時の平均寿命をかければ、キリストからアダムとイブの誕生まで、何年経過したかが計算できます。神様は天地創造に1週間かけたということですから、その年数に1週間を足せば、キリストの誕生から、天地創造までの経過時間となります。キリストの生まれたのはクリスマス、すなわち紀元元年の12月25日ですから、天地創造の日が逆算できるというわけです。そうして、得られた天地創造の日は、紀元前数千年の何月何日かになるようです。

現代から考えると荒唐無稽な話ですが、天地創造の日を定量的に推測しようとしたその試みの発想は大変独創的で面白いものだと思います。

4　空間とは？

星と星の間を「星間空間」といいますが、星間空間はまったくの真空かというと、そうではありません。マッチ箱ほどの大きさの空間の中には水素やヘリウムの原子が数個はあります。惑星と惑星の間の空間を「惑星間空間」といいますが、その惑星間空間も同じようなものです。このように、宇宙は隙間だらけの空間ですが、この空間というのも、よく考えてみると不思議なものです。

空間とはいったい何なのでしょう。たとえば、真空の空間というと、まったく何もないようですが、その何もない真空の空間で、粒子が常に生成したり、消滅したりしています。何もないはずの空間にもある種のエネルギーがあるようなのです。そして、そのエネルギーから粒子が誕生するのです。

空間がどういうものか、じつは私たち科学者もよくわかっていないのです。これは、私たちが３次元と思っている空間の次元にも関係しています。私たちは、この空間が３次元だと思っていますが、実はもっと多次元なのかもしれません。

私たちは3次元の空間に住んでいます。3次元というのは、縦、横、高さの三つの数値を指定すれば、空間内での位置が指定できるからです。これに時間を加えて、私たちの世界を「4次元の時空間」という表現もします。

さて、平面は縦、横の二つの値を指定することで位置が特定できます。2次元で高さがないのです。もし、この2次元の世界にへばりついて住んでいたら、3次元世界のことは想像できません。

また、線ではある一つの値だけを指定すれば位置が決まりますが、これが1次元の世界です。もし、1次元の世界に住んでいたら、一方向にしか移動することができませんし、2次元平面や3次元空間を想像することができません。

同じように、私たちは3次元空間に住んでいるので、もっと次元の多い世界というものを認識できません。

それで、もし私たちが2次元の世界に住んでいて、3次元から物体がやってきて、その2次元世界を通過したら、私たちにはどう見えるかを考えてみます。

もし、3次元の物体が球なら、まず、私たちの住んでいる平面上にある点が現れ、それが広がって大きな円になり、また小さくなっていって、最後は点になって消えていくでしょう。これは、３次元に住んでいる私たちには、球がある面を通って行く時にその断面がどうなっていくかを考えれば良いので、容易に想像できます。

１次元の世界に、２次元の円、３次元の球が通過しても同様で、線の上に点が現れ、ある長さになり、それがまた縮んで点になり消えていきます。

そこで、もし3次元の空間にさらに高い次元の世界から物体がやってきた時、どう見えるかということも想像がつきます。それが4次元的な球だとします。まず、何もないところに点が現れ、それがだんだんと大きくなって球になり、またたんだんと小さい球になって最後は消えてしまうというものです。

これは、５次元、６次元などもっと高次の世界から多次元的な球がやってきても同じです。３次元の世界では、点から球になり、また消えていくということになります。

しかし、私たちはこの球体がどこからきたのかまるで想像がつきません。それは、２次元に住んでいる人が3次元的な世界を想像できないのと同じです。

まるで幽霊のようです。

ところが、数学的には多次元というのは大変簡単です。たとえば、半径1の2次元の球（円）というのはニつの変数 x と y を使って $x^2 + y^2 = 1$ と表せます。半径1の3次元の球は三つの変数 x と y と z で、$x^2 + y^2 + z^2 = 1$ と表せます。半径1の4次元の球なら、さらに一つ変数を増やして、四つの変数 x と y と z と w で $x^2 + y^2 + z^2 + w^2 = 1$ という形にすれば良いのです。

さらに変数を増やしていけば、どんな多次元の球でも数学的には簡単に表すことができます。日常感覚では4次元の球などまるで想像がつきませんが、数学的にはこのようにとても簡単です。

最近の素粒子物理学の超ひも理論などによれば、10次元の時空を考えているようです。さきほどのように、数学的には10個の変数で記述するのだなと思えばよいのですが、私たちの日常の感覚では、想像のつかない世界です。4次元の残りの6次元はどういう風に考えたらよいのでしょう。

実は次元が小さくて隠れているという考えがあります。

たとえば、ロープの上で人間が綱渡りをしていることを考えます。綱渡りの

人は、ロープの上を前か後ろの一方向に移動できるだけです。すなわち、ロープの上は人間にとっては1次元の世界です。ところが、もしアリがロープの上にいたら、アリにとってはロープの表面は十分広いので、平面的に移動することができます。これは2次元の世界ということになります。さらに小さな細菌にとっては、ロープの縄目にも入れるので3次元の世界ともいえます。

このように、ロープは、大きな人間にとっては1次元の世界で、小さなアリにとっては2次元の世界、もっと小さい細菌には3次元の世界ということになります。

このように、私たちにとっても、空間の非常に小さいところに残りの6次元が隠れているかもしれないのです。

5　恒星の誕生と転生

太陽を始め一般の恒星は、星内部の「核融合反応」で光っています。太陽の周りを回る惑星や月は、この核融合反応をするだけの大きさがなく、太陽光を反射して光っているだけです。

核融合反応というのは、小さな原子核が融合して、大きな原子核になることです。太陽は銀河系の中で平均的な質量の星ですが、太陽では、水素の原子核である陽子が4個融合してヘリウム原子核1個になる反応が起こっています。

これは水素が燃えてヘリウムになるのと同じなので、「水素燃焼反応」とも呼ばれます。ヘリウムの原子核1個の質量は、材料の水素の原子核4個の質量の合計した値よりも小さく、この質量差（「質量欠損」といいます）の分がエネルギーになっているのです。

アインシュタインの相対論によれば、質量はエネルギーと同じです。このような原子核の変換による質量欠損から生じた巨大なエネルギーのことを「核エネルギー」と呼びます。

宇宙にある恒星の多くはこの水素燃焼反応による核エネルギーで輝いています。これは、水素が一番簡単な構造をした元素で、宇宙にはふんだんにあるからです。水素よりももっと大きな元素の原子核が融合することによって輝くエネルギーを得ている星もあります。また、最後に重力崩壊により、爆発して輝くような星（超新星）もあります。

ちなみに、原子力発電や原子爆弾は、大きい原子核を壊して、小さな原子核をつくる際の質量欠損を利用したもので、これは「核分裂反応」と呼ばれます。

実は、原子核中の質量から考えると、元素の中では鉄が一番安定なのです。ですから、鉄よりも小さい元素の原子核の「核融合反応」、あるいは、鉄よりも大きい元素の「核分裂反応」のどちらでも核エネルギーをとりだすことができるのです。私たちには普段の生活で大変馴染みのある鉄ですが、このように鉄は元素的に大変重要な位置を占めているのです。

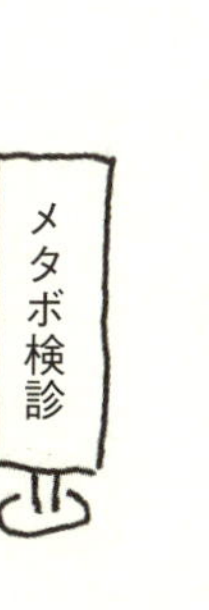

非常に重い星
メタボ検診
重い星ほど寿命が短いのは
メタボのせいかなあ？
おっ　ブラックホール
予備群がきたぞ！

前に書いたように、星は永遠に輝きつづけるのではなく、宇宙の中で新しく誕生し、また寿命があり、死を迎えることがわかっています。星の誕生と死を見てみましょう、

星間空間はまったくの真空ではなく、水素やヘリウムの原子がわずかに存在します。これらの原子の密度の濃いところが「星間雲」です。

星間雲は、何らかの原因で収縮を始めます。星間雲の密度がある程度以上になると、やがて自分の重力で急激に収縮して、中心に物質が高密度で集まります。これが「原始星」です。

原始星の中心部の温度が上がって1000万Kぐらいになると、星の中では前に述べた水素燃焼反応が始まります。宇宙には、水素がたくさんあるので、星はその一生の大部分をこの水素燃焼反応に費やすことになります。この期間は、星の明るさと大きさが安定している時期です。この水素燃焼反応がどのくらい続くかは、星の質量によります。質量の大きな星ほど反応は速く進み、寿命が短いことがわかっています。

星が水素を燃やし切ってしまうと、星の中心には、水素から変わったヘリウムの核ができます。収縮により星の中心部の温度がさらに上昇すると、今度はヘリウム同士が核融合反応をすることになります。ヘリウム原子核3個が炭素原子核1個になる反応や、４個が酸素の原子核になる反応です。

こうして、星は、中心が酸素や炭素、その外にヘリウム、さらに外側が水素といった構造になります。ここからは、星の質量に応じて、星の進化の様子が異なります。

質量の小さな星では、星の中心の温度が上がらず、静かに死を迎えます。

質量の大きな星では、星の中心温度がどんどんと上がります。それに応じて、星の中心では重い原子核の核融合反応が進行していきます。そして、最終的には、元素の中で一番安定した原子核を持つ鉄になり、これ以上核反応は進みません。前に述べたように、鉄は宇宙で原子核的に一番安定な元素なのです。

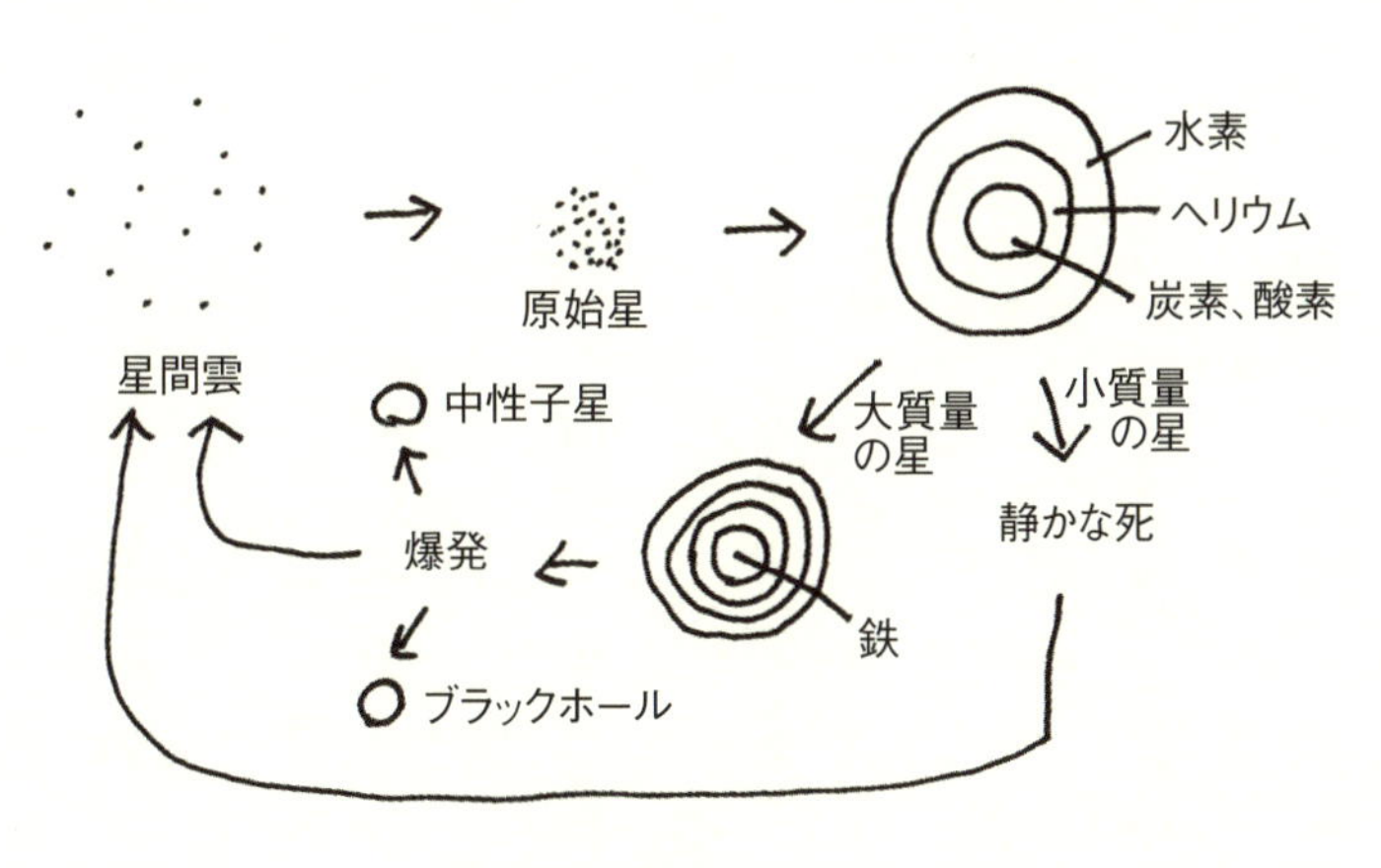

星の誕生と転生

中心に鉄の核があり、玉ねぎ構造をした星は、さらに収縮します。星の中心では原子核の中に電子が入り、陽子が中性子に変わります。そして、収縮の力の向きが逆転して、大爆発を起こし、その際に鉄よりも重い元素がつくられ、星の一生を終えます。この大爆発が超新星爆発です。残った星の芯は中性子が中心の中性子星になるか、もっと質量の大きい場合はブラックホールになります。

新古今和歌集の撰者で有名な歌人の藤原定家の日記である『明月記』にも、伝え聞いたこととして、三つの超新星爆発のことが記されています。「客星」という言葉を使っていますが、普段は見えない星なので、お客さんとしてやってきた星と考えたのでしょう。彗星も客星です。

昔は陰陽道の関係から、いつも星の観測がなされており、客星は一般には不吉であるとされていました。１２３０年に客星（たぶん彗星）を実際に見た定家が、陰陽寮の役人に昔の客星の資料を要請し、そのメモを『明月記』に入れたようです。

『明月記』にある超新星爆発の一つは１０５４年の時のことで、現在はカニ星雲として知られているガス状星雲になっています。この時は、昼間でも見えたぐらいに明るかったようです。人々はさぞ驚いたことでしょう。

恒星である太陽はあとどのぐらい輝くことができるのでしょう。現在ある水素の量がどのぐらいで無くなるのかを、現在太陽が出しているエネルギーから計算できます。それは、後約70億年です。太陽はすでに誕生から約46億年経っていますから、合わせると約１２０億年程度の寿命を持っているということになります。太陽は銀河系の中で平均的な質量の星なので、この１２０億年というのは銀河系の平均的な恒星の寿命ということになります。

水素燃焼反応が終わった頃の太陽はどのような姿になるのでしょう。太陽はその頃には膨れ上がって、赤色巨星と呼ばれる星になります。
太陽内部では、水素原子核が核融合反応で熱を出し、それで中心部の温度が上がり外側への圧力になっています。それと太陽が自分の重力で収縮しようとする力とが釣り合っています。

水素燃焼反応が終わる頃になると、その釣り合いが崩れることになります。すると、ヘリウムの中心核は重力で収縮し、外側は膨張するという二重構造になります。太陽半径は現在の１００倍以上になり、膨張により温度が低下して、太陽は現在の黄色から赤色になります。これが赤色巨星です。赤色巨星はどんどん膨らみ、地球をも飲み込んでしまいます。そして、ゆっくりと宇宙空間に物質を放出していきます。

中心のヘリウム核は地球程度までに収縮して、密度と温度の高い、白色わい星と呼ばれる星になります。白色わい星は小さくて温度の高い星です。これが太陽の最後の姿です。

シリウスの伴星（二重星で一緒に回っているもう一つの星）は有名な白色わい星ですが、これが太陽の未来の姿なのです。

水素の核融合反応の時期に比べて、赤色巨星から白色わい星への進化は速いので、太陽の寿命は先に計算したように、あと70億年と考えて良いようです。

その頃には、人類はどうなっているでしょう。想像もつきません。人類は、600〜700万年でここまで進化してきたのです。太陽系から脱出する方法を考えているでしょうか。それとも、恐竜が滅んだように、その前に滅亡しているかもしれません。

さて、質量の大きな星が超新星爆発した後には、ブラックホールになると考えられています。ブラックホールとは、高密度で巨大な重力を持った星で、その重力のため、物質はもちろん光でさえも出てこられないものです。

シュバルツシルトという人が、簡単な球の場合を仮定して、アインシュタインの一般相対性理論の方程式を解きました。そうすると、ある半径（シュバルツシルト半径）の球の領域は、光も物質も内部から外へ出られないことがわかりました。光が出てこられないので、外部からこの半径の中の世界は、うかがい知ることができません。この中は、時間も空間も強い重力のために歪められている、まったくの別世界です。

このシュバルツシルト半径というのが、ブラックホールの大きさになります。地球の場合では、シュバルツシルト半径は9㎜になります。

これは、簡単には次のように計算できます。ある星からの脱出速度というのは、運動エネルギーがその星の重力エネルギー（重力により引っ張る力のエネルギー）より大きくなる速度のことです。つまり、その星の重力エネルギーを振り切ることができるほど大きい運動エネルギーがあれば、その星から脱出できることになります

この脱出速度が光速度になる時の星の半径がシュバルツシルト半径になります。アインシュタインの相対性理論によれば、世の中には光の速度より速い速度はありません。ですから、もし、その星の脱出速度が光速度になるぐらいに星が高密度なら、光も含めて何もその星から脱出できないということになるわけです。地球の質量の場合にこれを計算すると、半径9㎜になるのです。

なお、ブラックホールは光も出さないのにどうして、その存在がわかるのかという疑問があります。

はくちょう座X－1は、ブラックホールとして有名です。見ることもできな

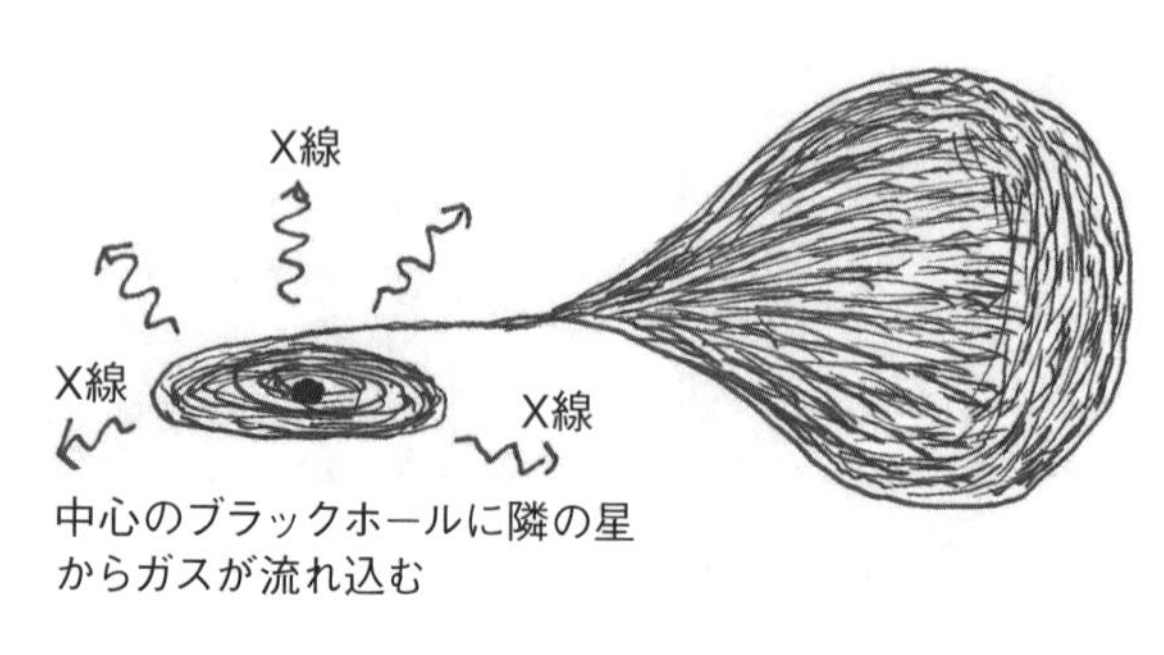
X線
X線
X線
中心のブラックホールに隣の星
からガスが流れ込む

はくちょう座X-1

いのになぜ、ブラックホールと考えられたのでしょう。実は、はくちょう座Ｘ－１は強いＸ線を出している天体です。二つの星からなる連星系で、そのもう一つの星からものすごい勢いでガスが流れ込み高速回転しながら星の中にガスが吸い込まれています。その際に強いＸ線が出ているのです。このガスを吸い込んでいる星がブラックホールだろうと考えられています。

このようにＸ線天文学の発展によって、理論的に予測されたブラックホールが発見されました。現在では、銀河系や他の銀河の中心には巨大なブラックホールがあることがわかっています。

6　天文学最大の謎

最近、「ダークマター」、「ダークエネルギー」という言葉を耳にしたことはないでしょうか。これは、2000年頃から話題になってきたもので、天文学の最大の謎とされているものです。

まず、「ダークマター」です。これは、直訳すると「暗黒物質」ということになり、そういう風に書いてある本もあります。

私たちの銀河系は渦巻状に回転しています。これは、銀河中心と星の間の万有引力と、回転による遠心力が釣り合った状態で回転しているからと考えられています。

万有引力は距離の2乗に反比例する力です。銀河系から遠く離れている星は、近い星に比べて、距離が長くなるので銀河系中心との万有引力は弱くなります。一方、遠心力は距離に反比例しますが、回転の速度の2乗に正比例します。ですから、遠い星ほどゆっくりと回って、弱くなった万有引力と釣り合っているはずなのです。

太陽の周りを惑星が回っているのも万有引力と遠心力の釣り合いで、これと同じ原理です。実際、太陽系では、太陽から遠い惑星ほどゆっくりした速度で回っています。

ところが、私たちの銀河系の星を見てみると、銀河系中心から遠い星が、近い星と同じ速度で回っているのです。というか、むしろ速く回っているようです。銀河系中心から遠ざかるほど、星の数密度が小さくなりますから、万有引力はさらに弱くなり、本当はもっとゆっくりと回らないといけないはずなのに不思議なことになっています。

このことは、次のようなことを示唆しています。私たちが観測している物質以外に質量を持つ見えない物質が銀河系にあり、しかも銀河系の外側によりたくさんあるので、万有引力が弱まっていないのだということになります。このような、観測できていない不明の物質を「ダークマター」、すなわち「暗黒物質」と呼んでいます。見える星の物質の5～6倍ぐらいの量があります。「ダーク」というのは「暗黒」という意味もありますが、「不明」のとか「怪しい」という意味もあります。「不明の物質」という方が、より直接的なのかもしれません。

「ダークマター」は、私たちの銀河系だけでなく、他の銀河にも一般にあることが観測からわかっています。「ダークマター」は、質量のあるニュートリノ（素粒子の一種で、一般には質量を持たないと考えられていた）だという説もありましたが、それだけでは説明できないこともわかっていて、その正体はわかっていません。ともかくも、直接の観測にかからなくて、しかも、重力、すなわち質量を持っている物質ということになります。

重力により光が曲げられることを重力レンズといいますが、２０００年頃から、この重力レンズを使って、宇宙でのダークマターの分布図もつくられています。

一方、「ダークエネルギー」です。これは、「暗黒エネルギー」とも呼ばれます。遠い銀河ほど速い速度で遠ざかっているということは前に述べましたが、１９９８年にこの膨張が、加速しながらの膨張であることがわかったのです。

普通に考えると、銀河間には万有引力が働くはずですから、宇宙の膨張はこの引力によって抑えられることはあっても、加速的に膨張することはないはずなのです。

　ということは、宇宙の中には宇宙を加速的に膨張させる何らかのエネルギーがあることになります。これが、「ダークエネルギー」と呼ばれるものです。

「ダークエネルギー」が何であるかもわかっていませんが、ともかくも引っ張り合う引力でなく、宇宙を押し広げる斥力（反発力）のエネルギーなのです。

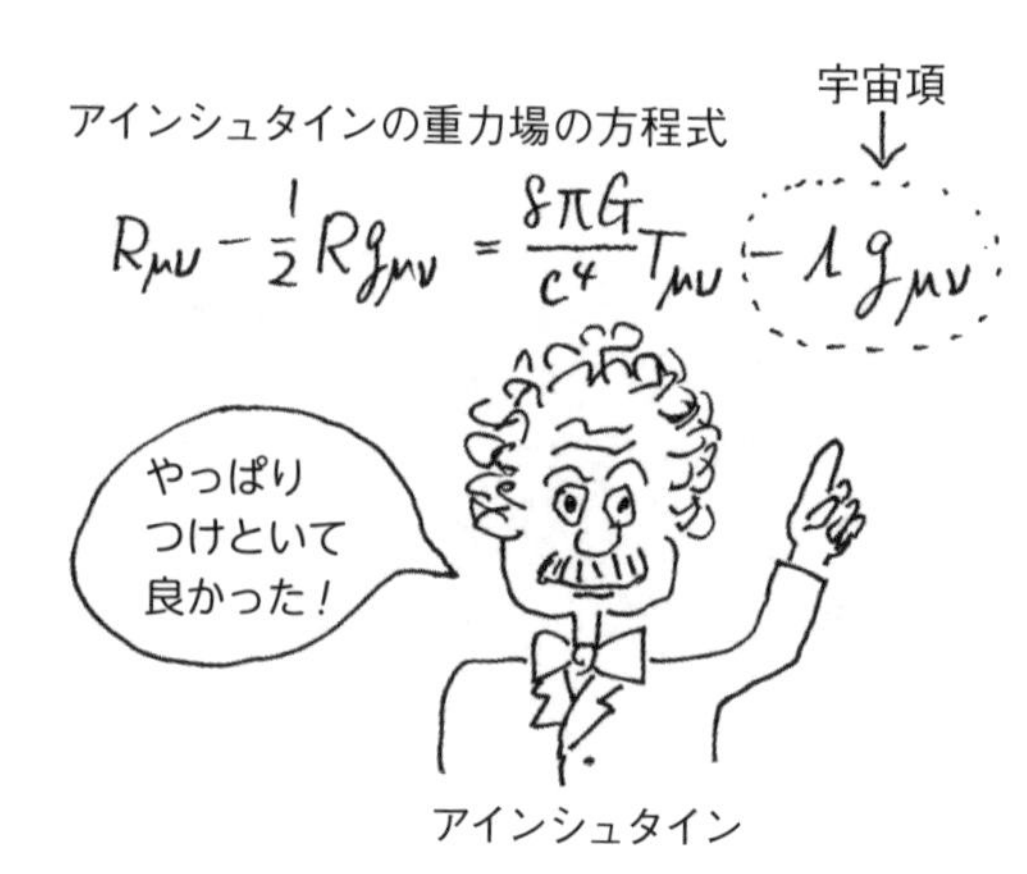
アインシュタインの重力場の方程式
宇宙項
$R_{\mu\nu} - \frac{1}{2}Rg_{\mu\nu} = \frac{8\pi G}{c^4}T_{\mu\nu} - \Lambda g_{\mu\nu}$
やっぱりつけといて良かった！
アインシュタイン

　アインシュタインは定常的な宇宙の解を得るために、自分の方程式に余分な項（宇宙項）をつけたという話を前に述べました。その後、宇宙が膨張していることを知って、「あれは人生で最大の失敗だった」と悔んだという話は有名です。ところが、「ダークエネルギー」があるということは、この項をつけたのが正解だったということになるのです。

宇宙の構成物質は、私たちが通常観測している物質が4％しかなく、「ダークマター」が23％、残りの73％が「ダークエネルギー」だと推定されています。

宇宙は、まだ見えない謎の物質で96％が占められているのです。

相対論効果による若返り法

女性はいつも歳のことを気にします。「アンチエイジング」という言葉も世の中に氾濫しています。そこで、実際に歳をとらない科学的方法を教えましょう。

時間というのは誰にとっても同じように一様に進むと思っていますが、アインシュタインの特殊相対性原理によればそうではないのです。光速度に近い速度で運動する物体は時間がゆっくり進むことがわかっています。そして、その遅れ加減は、光の速度に近づけば近づくほど大きくなります。

ですから、光スピードに近い速度のロケットに乗り、1年ほどして、地球に

☆★☆★☆★☆★☆★☆★☆★☆★☆★☆★☆★

若返って
戻ってきま〜す！
あまり近づかないようにした方がいいよ！

何でも引き寄せるイケメン、
ではなくブラックホール

帰ってくれば、地球上では30年も50年も経っていたということになります。貴女が20歳でロケットに乗り、地球に帰ってくれば、貴女はまだ21歳なのに、貴女が出発した時に同じ歳だった同期の友達は、50歳にも70歳にもなっているというわけです。

さらに一般相対性理論によれば、重力の強いところでは、時間はゆっくり進むことがわかっています。重力の強いところといえば、ブラックホールです。ブラックホールに近づけば、その強い重力のため、時間はゆっくり流れることになり、歳をとるのが遅くなります。

ですから、光速度に近い速度のロケットに乗り、ブラックホールに近づけば、時間がゆっくり進み、帰ってきた時に、友達は若い貴女にきっと驚くことでしょう。まるで、おとぎ話に出てくる浦島太郎のようです。これも竜宮城がブラックホールの近くにあったとすれば、時間の経過がゆっくりだったのも理解できます。

ブラックホールに近づけは、近づくほど、重力は強くなり、時間の遅れも増大します。

しかし、油断してはいけません。時間の進みをもっと伸ばそう伸ばそうと思ってブラックホールに近づきすぎると、ブラックホールに吸い込まれるかもしれません。そうなると貴女は別世界の人間です。光も出てこられないので、貴女は地球に連絡もできず、消息不明になります。二度と地球に戻ってこられないので、友達に若さの自慢もできないことになります。

7　宇宙の研究はどのように行われるのか？

私たち人類はずっと光を通して自然現象を見てきました。人間の視覚細胞は、赤から紫までの可視光線に対して反応し、光を感じるようになっています。

これは、人間が生物進化の過程で、太陽光線を一番よく捕まえるように進化してきたからです。

熱せられた物体は、その温度に特徴的な電磁波（光）を出すのですが、太陽は、ちょうど可視光線の領域の電磁波を出すような温度なのです。ですから、地球上の生物は大体が可視光線領域で物を見るという機構になっています（昆虫などは紫外線領域までも見えるようですが）。

光は電磁波の一種ですが、波長領域の違いに応じて、電磁波にはさまざまな呼び方があります。身近な電磁波で波長の長いものは、ラジオの電波です。それから波長の短くなる順に、赤外線、可視光線、紫外線、X線、ガンマ線ということになります。

太陽の放射する電磁波は可視光線の領域が最大ですが、電波やX線も出しています。ですから、可視光線の代わりに電波やX線で観測することも可能です。そうすると、また違った世界が見えます。身体検査の時に胸のX線撮影で体の

内部の検査をしますが、これと同じです。可視光線では見えない星の内部がわかるのです。

太陽からの電磁波は地球の大気にさえぎられるため、地表に届くのは電波と可視光線の領域です。人間はまず目で星を観測していたのを、望遠鏡の発明により、さらに遠くの星までも観測できるようになりました。それから、通信技術の進歩で、電波でも観測できるようになりました。

人工衛星を飛ばせるようになると、Ｘ線や赤外線の望遠鏡を大気圏外に運び出せるようになり、すべての波長で宇宙を研究できるようになりました。地上約６００㎞のところに打ち上げられたハッブル宇宙望遠鏡は木星への彗星衝突や遠方の銀河の観測などに活躍しています。

電波を使った観測では、電波が脈動するパルサーや銀河中心が電波源になっていることがわかりました。日本の国立天文台野辺山の宇宙電波観測所にある口径45ｍの電波望遠鏡でも、原始星で星が生まれようとしているところが観測されています。

Ｘ線による観測では、超新星残骸やブラックホール、活動している銀河の中心核などが研究されています。Ｘ線検出器を搭載した日本の天文衛星「ぎんが」、「あすか」、「すざく」などは大活躍をし、Ｘ線天文学の研究分野は日本がリードしてきました。２０１５年度には6番目のＸ線天文衛星「ＡＳＴＲＯ-Ｈ」が宇宙航空研究開発機構（ＪＡＸＡ）を中心に国際協力で打ち上げられようとしています。

赤外線による観測では、暗黒星雲や星間物質などの研究がなされています。星の誕生などとともに太陽系外惑星系などについても情報が得られます。日本の国立天文台がハワイのマウナケア山頂につくったすばる望遠鏡も赤外線望遠鏡です。

これらの研究は、各研究所や各研究者でまったく独立に行われているわけではありません。共同して行うので同じ天体をさまざまな角度から研究することができるようになったわけです。

私たちは電磁波のすべての波長域での観察を可能にし、それにより宇宙科学が飛躍的に発展してきました。

宇宙の観測手段は、電磁波だけではありません。高エネルギーの宇宙線や素粒子の場合もあります。１９８７年の大マゼラン星雲での超新星爆発の時に生じた素粒子であるニュートリノを日本のカミオカンデが初めて検出したことは有名です。２００２年にはこの功績に対してノーベル賞が授与されました。このニュートリノを使って宇宙を研究しようというニュートリノ天文学という分野も始まっています。

このように実際の観測が進むと同時に、宇宙の始まりなどについては、素粒子物理学の理論研究が進んでいます。特にビッグバン後の超高温、超高圧の状態がどのようなものであったのか、現在ある四つの力（第1章「３　宇宙の誕生」を参照）がどのようにして分かれていったかなどが、理論的に推測されています。また、中性子星やブラックホールなどについても、まず理論的な予測がまずありました。そして、科学技術の発達とともに、それらの存在が観測により確認されてきたのです。

最近では、コンピュータ技術もすすみ、数値シミュレーションがまるで現実に起こるのと同じような精度で行われるようになりました。そのため、そういった理論的な予測と実際の観測データのつき合わせが、大変厳密に行われるようになっています。

隕石を用いた太陽系の成因（成り立ち）論の研究も見逃せません。月や小惑星の試料が手に入るまでは、隕石は唯一の地球外物質でした。その実際的な試料を用いた宇宙化学的な研究が進み、太陽系の形成の様子が徐々に明らかになってきました。また、太陽は恒星の中でも大変一般的な星ですが、その生成の様子が後で述べる同位体比研究とともに解明されてきたのです。太陽系をつくった物質を生成した星が、どのようなものであったかもわかってきました。そうして、そのような研究が、コンピュータを使った星の中の数値シミュレーションと比較され始めました。隕石学者と天文学者の共同研究が始まっています。

数式に美しさを感じるか？

物理の一般書などを読むと、「この美しい数式」というような表現がよくでてきます。たとえば、ニュートンの万有引力の式やマクスウェルの電磁気学の四つの式、アインシュタインの質量とエネルギーの等価の式などは、大変シンプルですが、その中に真理が凝縮されています。物理学者はこれに感動して「美しい」という言葉を発するのです。

実は、私は退職後に東京藝術大学の美術学部芸術学科に入学し、現在は大学生です（入学後の1年間は大学に通い、現在は荷物片付けなど諸般の事情で休学中ですが……）。芸術学科は、美学や美術史などを研究するところです。

一年生の時に美学の演習の授業がありました。ある本の章をそれぞれがまとめて研究発表を行う演習です。その中で、「美とは何か？」の議論があり、さまざまな美の定義が紹介されました。

私は、自然科学の数式の美しさのことを思い出し、

「人間は数式にも美を感じることがありますが……」

という意見を述べました。すると、ある人から

「私は数式に美を感じるというのがよくわかりません。むしろ、頭が痛くなるだけです」

という反論がありました。
クラス中は大笑いになりました。確かに、数学嫌いの人には、数式はきれいだというよりも頭の痛くなる対象かもしれません。そこで、美学者の間ではどういう意見なのか、先生の話がありました。美学者でも数式に美を感じるかどうかについては意見がわかれているということでした。

確かに、「正しい式なら美を感じるけど、まったく内容のない記号の羅列のような式でも、果たして美を感じるのだろうか?」と、いろいろと考えるところがありました。

たぶん、はっきりと間違いがわかる数式では、科学者は何も美を感じないでしょう。やはり数式に凝縮されている真理というものに対して、美を感じるのです。

マクスウェルの方程式

$$\nabla \cdot \mathbb{D} = \rho$$
$$\nabla \cdot \mathbb{B} = 0$$
$$\nabla \times \mathbb{H} = i + \frac{\partial \mathbb{D}}{\partial t}$$
$$\nabla \times \mathbb{E} = -\frac{\partial \mathbb{B}}{\partial t}$$

第2章

隕石の故郷である太陽系

１　太陽系について

　前の章で、宇宙はまったくのすかすか状態で、太陽に一番近い恒星でも、気の遠くなるほど遠い距離で離れていることを見てきました。そうすると、隕石の地球への落下が結構頻繁であることから考えると、隕石はうんと遠い宇宙からではなく、私たちの太陽系のどこかからやってくるに違いありません。次に太陽系を見てみましょう。

　太陽系は、主には太陽と８個の惑星から成っています。八つの惑星は、太陽に近い惑星から、水星、金星、地球、火星、木星、土星、天王星、海王星です。以前は、これに冥王星を加えて、９個の惑星でしたが、２００６年の８月に、国際天文学連合（ＩＡＵ）が惑星についての新しい定義を決め、冥王星は惑星から外れてしまいました。

　これは、１９９０年代以降に海王星の外側に次々と新しい小天体が見つかったことによります。その多くは、小さな天体だったのですが、冥王星より大きな天体も見つかりました。ですから、海王星の軌道の外側を回る天体を、冥王星も含めて、「太陽系外縁天体（TNO）」と呼ぶことにしたのです。

2006年の国際天文学連合の惑星の定義は、

（1）太陽の周りの軌道にあること
（2）自分自身の重力でほぼ球形に集積していること
（3）その軌道上の近隣の他の天体を一掃していること

となっています。これに当てはまるのが、先の水星から海王星までの8個の惑星です。

太陽系の中の距離を計るのには、先に述べた「光年」も使いますが、「天文単位（AU）」という単位を一般に用います。これは、太陽と地球の間の平均距離（1AU）を基準としたものです。1AUは、

2006年のある日

光で8・3分かかる距離で、約1・5億㎞です。太陽から海王星までは、約30AU、つまり地球と太陽の間の約30倍の距離です。

ちなみに、地球儀以外に、現在では、火星儀、金星儀（月球儀も）も販売されています。後で述べる最近の惑星探査で、火星や金星もよくわかってきたので、地球儀のように球儀が作成されました。

火星と木星の間にあるのが、小惑星帯です。ここは、太陽から2AUから3AUの位置にある軌道で、小さな惑星群が回っているところです。

太陽系内の惑星の軌道については、1772年にボーデの法則というものが知られていました。この法則は、それまで知られていた惑星の軌道について、ボーデという人が経験的に導いたものでした。この法則によれば、小惑星帯の軌道のところに惑星があるはずなのですが、当時はなかったので、不思議に思われていたのです。

30年ほどしてから、小さな惑星セレスが、この予測された軌道にあることが発見されました。セレスの直径は約1000㎞ですから、地球の直径の約14分の1の大きさです。その他、この軌道のところには、セレスより小さい多数の小惑星があることがわかりました。現在では、約40万個が見つかっています。小惑星は小さなものほどたくさんあります。そのサイズ分布は、衝突して壊れた時の破片の大きさの分布（花瓶などを落として壊した時には、小さな破片ほど数がたくさんできます）と一致していると考えられています。形も球形でなく、不規則な形のものが多いようです。

推定されている小惑星全体の総質量はセレスの約3倍で、それでも月の10分の1以下です。小惑星帯は、もともとあった惑星がなんらかの原因で破壊されたものか、もしくは、近くにある大きな惑星である木星の影響で、大きな惑星にまで衝突合体して成長できなかったものと、考えられています。

次の章に出てきますが、この小惑星帯が多くの隕石の故郷です。お互いの衝突などにより軌道が変わり、地球軌道まで達するようになったものが、地球と遭遇し落下してきて隕石となります。

冥王星の辺りは、「カイパーベルト」と呼ばれ、冥王星のような天体がいくつか回っています。ここは太陽系から50ＡＵぐらいのところです。数１００ＡＵぐらいまで、同じような天体があると思われていて、このぐらいまでをカイパーベルトと呼ぶこともあります。

この外側には、太陽系を球状に取り巻いている「オールトの雲」と呼ばれるものがあると思われています。これは、太陽から1万AUから10万AUぐらいのところです。水や炭酸ガス、メタンなどの氷の天体があり、彗星はここからきていると思われています。しかし、実際にオールトの雲の存在が観測されているわけではありません。

カイパーベルトがオールトの雲につながっているという意見もあります。

2　岩石の惑星とガスの惑星

8個の惑星のうち、水星、金星、地球、火星は岩石でできた惑星で、木星、土星、天王星、海王星はガスの惑星です。

これは、太陽系の木星より内側は、太陽系ができた時に温度が高くて、氷やメタンなど気体になりやすい物質が蒸発し、その残りの岩石のような物質だけから惑星ができたため、岩石主体の惑星になったと考えられています。

一方、木星より遠いところでは温度が低く、このような岩石物質以外に氷のようなものや大量のガスも集まってきます。それで、ガスの惑星になったと考えられています。

太陽はもちろん水素、ヘリウムが主成分でガスの天体です。木星は太陽系の中で最大の大きさの惑星で、ガスの天体ですが、実はもう少し大きかったなら、木星の内部でも水素の核融合反応が起こったのかもしれないのです。そうすると、太陽系は二重星になっていた可能性があります。

実際のところ、宇宙には二重星になっている恒星が多く、むしろ惑星系はまれなのです。星雲が回転して集積する場合に、惑星系よりも二重星に成長するものの方がより一般的だと考えられています。

さて、各惑星ですが、どのような星なのかざっと見ていきましょう。

まず、太陽に一番近い水星です。太陽からの平均距離は、約０・４ＡＵです。水星は、地球よりも太陽の近くを回っているので、地球からはいつも太陽の近くに見えることになります。ですから、水星が見えるのは太陽光の弱い日の出か日の入りの時になります。これは、水星より外側で地球より太陽に近いところを回っている金星についても同じで、見えるのは太陽の近くで、やはり日の出か日の入りになります。金星が「明けの明星」とか「宵の明星」とか呼ばれるのはこのためです。

ところが、水星は惑星の中でも大きさ質量ともに一番小さく、金星よりさらに太陽に近いので、あまりよく見ることができません。それで、金星のように別名がつくことにならなかったようです。

水星の表面は探査機の観測によると、月の表面によく似ています。平坦な部分とクレーターで覆われています。水星の面白いところはその化学成分です。地球を始めとする他の岩石型惑星と比べて、鉄やニッケルなどの金属成分が大変多いのです。これは、太陽活動（あるいは小天体の衝突）により、初期の時代に表面の岩石物質が吹き飛ばされたという説が考えられています。

金星は太陽からの平均距離が０・７ＡＵです。地球の公転軌道に一番近い軌道で太陽の周りを回っています。ですから、天空で月の次に明るい星で、望遠鏡で観ると満ち欠けするのもわかります。

金星の大気は二酸化炭素が主成分で、金星表面で約90気圧もあります。１気圧は地球表面での大気の圧力ですから、地球に比べると90倍も濃い大気ということになります。実は、昔の地球の大気は金星の大気と同じだったと考えられています。地球の大気では、二酸化炭素は海に取り込まれ、カルシウムと結合して石灰岩などとして大気中から取り除かれました。これらを全部大気に戻すと、金星と同じような圧力になるのです。また、地球では、光合成をする生物の出現で、現在では酸素が主体の大気になったのです。

二酸化炭素による温室効果で、金星表面は５００℃ぐらいの高温になっています。また、探査機の調査から、大気の上層部でものすごい風が吹いていることがわかっています。これは「スーパーローテーション」と呼ばれているものですが、秒速１００ｍほどもあります。なぜこんな強い風が吹くのか、その原因についてはよくわかっていません。

なお、金星の自転は、地球など他の惑星と逆の方向になっています。ということは、金星表面にいれば、太陽は西から上がり、東に沈むのを見るということになります。

次に火星を見てみましょう。火星の公転軌道は太陽からの平均距離が１・５

ＡＵです。火星は地球から見ると赤い色に見えますが、これは表面の酸化鉄の色です。昔から火星の表面の模様が変わるのが観測されていました。これは表面自体の色の濃淡が自転により変化するのに加え、火星の極にある二酸化炭素の凍った白い氷（ドライアイス）が季節により大きくなったり、小さくなったりすることによります。19世紀末頃には、この模様が線状に描かれ、運河と考えられたため、火星には火星人がいて運河をつくっていると思われた時期もありました。

火星の大気は、やはり二酸化炭素が主成分ですが、大気圧は地球の１％もありません。

火星の直径は、地球の約半分で、質量は約10分の1です。それで、火星表面での重力は地球の約40％になります。もし、将来火星に行くことがあれば、体重が半分近くしかないことになり、体の軽さを感じることでしょう。

現在では、火星探査機による観測で、火星のことが大変よくわかっています。地球と同じようにプレートが動いていくプレートテクトニクスがあったことや大量の水が液体として存在し、かつ現在も存在するような証拠が見つかっています。しかし、残念ながら生命の痕跡は見つかっていません。

火星の外側を回る木星は、惑星の内で最も大きくて重たい星です。太陽からは約５・２ＡＵ離れています。前に書いたように、もう少し大きければ恒星になっていたところでした。ガスの惑星で太陽と同じように水素とヘリウムが主成分です。

木星の衛星は４個の大きな衛星イオ、エウロパ、ガニメデ、カリストですが、これはガリレオが望遠鏡をつくって木星を観た時に発見したものです。彼が手づくりした１６１０年の望遠鏡でも見えたぐらいですから、現在の普通に市販されている天体望遠鏡でも非常によく見えます。

現在は、木星の衛星は70個近くも発見されています。次の土星と同様、環があることも探査機によって発見されました。私が子供の頃は、環のある惑星は土星だけだったので、不思議な気がします。

土星は太陽から９・６ＡＵ離れています。土星は木星の次に大きな惑星で、やはり、水素とヘリウムが主成分です。環があることで有名です。この環もガリレオが最初に観察しましたが、彼は環であるとまではっきり報告していません。土星の環は市販の天体望遠鏡で見ることができます。望遠鏡で実際に土星を観ると、環のある星の姿に感動します。

環の横の幅は10万kmほどもありますが、その厚さは大変薄く、1km以下のようです。また、環の大部分は水の氷のようです。環にはいくつもの間隙（すきま）があり、一番大きなものは、発見者の名前をとって、「カッシーニの間隙」と呼ばれています。

土星には木星と同じ数ほどの衛星があり、一番大きい衛星はタイタンです。太陽系内では木星の衛星のガニメデに次ぐ2番目に大きい衛星で、惑星である水星よりも大きいのです。タイタンには窒素の大気があり、メタンが地球の水のような役割を果たしていると考えられています。ＮＡＳＡの探査機が着陸して表面の様子を地球に送ってきました。着陸時の衝撃が弱かったので、沼のようなところに着陸したようです。

土星の第2衛星であるエンケラドスでは、南極付近から氷や水蒸気が噴き出しているのが観測されており、地下に塩水の海があるのではないかと推測されています。地球以外の太陽系の中で、生物存在の可能性が一番高いといわれています。

土星の外側を回る天王星は、太陽から19AU離れています。18世紀にあの天の川銀河の構造を推定したハーシェルによって発見されました。27個の衛星があり、環もあることが探査機の観測でわかっています。

そして最後に、太陽から一番遠い海王星は、太陽から30AU離れています。発見は19世紀のことです。14個の衛星があり、やはり環があることが探査機の観測からわかりました。海王星の一番大きな衛星であるトリトンには火山があり、液体窒素と液体メタンを噴出していて、一時生命が存在する可能性もあるのではないかと騒がれました。

3　太陽系の誕生

太陽系ができたのは46億年前と考えられています。それは隕石の年代測定をすると、多くの隕石の年代が46億年になることと、隕石が太陽系起源の物質であるということからです。

太陽の光のスペクトル（光をさまざまな波長の電磁波に分解したもの）を分析すると、太陽にどのような元素があるかがわかります。一方、非常に始源的な（創成当時の性質を持っているという意味で、隕石学の専門用語で「始源的」という言い方をします）隕石の化学成分を調べると、水素やヘリウムなど非常に揮発性の高い元素を除けば、きれいに化学成分の割合が太陽のものと一致します。このことは、太陽や隕石をつくった材料はもともと同じもので、中心に太陽ができ、その周りに惑星をつくるもとになった原始太陽系星雲があり、それがやがて隕石や惑星に成長していったと考えられます。いずれにしろ、隕石は太陽系の仲間であることは、このような化学的なことからもわかっています。

元素の同位体比というものを使った太陽系物質の研究が広くなされています。

まず、元素の同位体比とは何かということを説明しなくてはなりません。さまざまな物質を構成する元素の原子核は、陽子と中性子からなっています。陽子は質量と正の電荷を持っています。中性子は、陽子とほぼ同じ質量を持っていますが、電荷はありません。原子核の周りを電子が回っていますが、電子は負の電荷だけを持ち、質量はほとんどなく陽子の１８４０分の1です。電子の数は陽子の数と同じだけあり、それで電気的に釣り合った状態になっています。

原子核中の陽子の数は「原子番号」で、この原子番号により、どういう元素であるかが決まっています。たとえば、水素は原子番号が1で、ヘリウムの原子番号は2です。ですから、水素の原子核には陽子が1個、ヘリウムの原子核には陽子が2個あります。

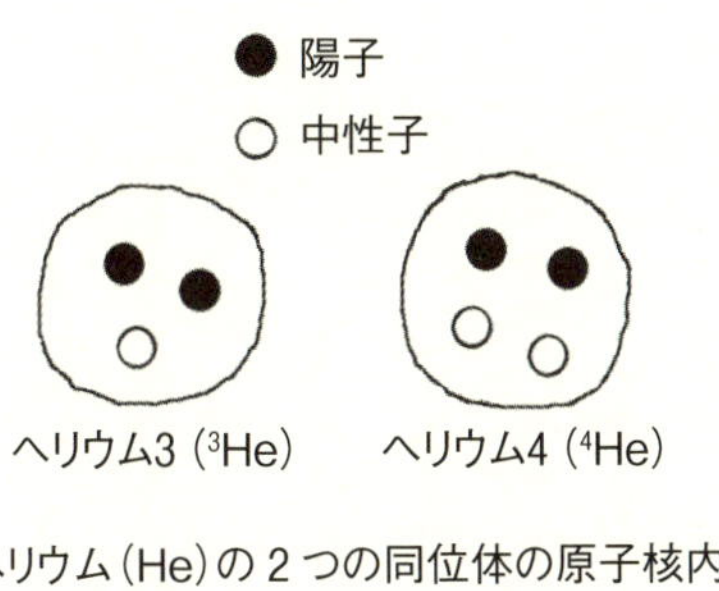

ヘリウム（He）の２つの同位体の原子核内

さて、このヘリウムの原子核には、中性子が1個入っているものと、2個入っているものがあります。陽子と中性子の数の合計を「質量数」といいますが、ヘリウムの質量数には、3（2プラス1）と4（2プラス2）の2種類があるというわけです。それぞれ「ヘリウム3」と「ヘリウム4」と呼びます。「ヘリウム3」と「ヘリウム4」は、同じヘリウムという元素なのですが、質量数だけが異なるということになります。これらを「同位体」といいます。この同位体の原子数比を「同位体比」といいます。この同位体比を用いた宇宙惑星科学研究が広く行われているのです。

地球の石、隕石、月の石と今までに私たちが手に入れることのできる太陽系内の岩石で元素の同位体比を調べると、特別の理由がない限りたいへんよく一致します。

このことは、太陽系がある時期に高温のガス状態でよくかき混ぜられたということを示しています。同位体は、質量の違いがあるだけで、同じ元素であって化学的に同じ性質を持っているので、さまざまな化学反応に対して同じ振舞いをするからです。ですから、太陽系内の元素はどこでも同じ同位体比の割合になっているのです。

最近、元素の同位体比の異常（違いがあるということ）から、太陽系誕生時の高温のガス状態時にすべての材料物質がガス化したのではなく、ガス化をまぬがれたものがあるということが発見されました（第3章「11　太陽系の形成以前の歴史」を参照）。しかし、これらは実にごくわずかの物質で、太陽系の大部分の物質はガス状になり同位体比的に均質になりました。

この均質な同位体比からさまざまな異なった同位体比が生じるような事件が

宇宙・地球の中で起こったはずです。そのような同位体比の異常を積極的に研究していって、太陽系内でどのようなことがあったのかを調べようというのが、「同位体科学」です。

その一つに年代測定があります。放射壊変（元素が別の元素に変わること）する元素があれば同位体比が変化するので、その量を計ればガスから固体の岩石になった年代がわかります。これを「絶対年代」といいます。多くの隕石は絶対年代が46億年なのです。

太陽は恒星の一つですから、前にも述べたように星間雲が収縮して星になったものです。現在の太陽は、水素を燃やしてヘリウムをつくる段階の反応をしています。現在、太陽の中ではヘリウムより重い元素はつくられていないのです。ところが、太陽の中にはすでに重い元素も結構存在しています。星が進化した段階でつくられる重い元素が、最初から太陽に含まれているのです。

ですから、太陽系は、すでに星が生まれて進化して重い原子核をつくり、爆発して宇宙空間にまき散らされた星間雲を、再び集めてきてできたと考えられています。銀河系の星を観測すると、年齢の古い星に重い元素が少なく、若い星に重い元素が含まれています。若い星は、すでに重い元素がつくられてまき散らされた星間雲からできたためで、太陽もこのような若い星の一つです。

さて、私たちの太陽系の星間雲が収縮を始めたきっかけです。隕石の中には非常に大きい酸素の同位体比異常があります。このことから、太陽系星雲近くの超新星爆発が、収縮のきっかけだったと考えられたこともあります（今では、酸素の同位体比異常は原始太陽系星雲内で起ったという説が有力ですが）。

収縮を始めた星間雲はやがて中心に太陽ができ、周りに円盤状に回転する原始太陽系星雲ができます。１個の星になるか、星雲を伴うようになるのかは、その星の回転力によって決まるようです。回転力がない場合は一つの星になり、回転がもっと強いと、中心に物質が集まらなくなり、最終的には二つの恒星からなる二重星（連星）になってしまいます。私たちの太陽系が惑星を持つようになったのは、ちょうど適当な回転力を持っていたからです。

原始太陽系星雲の温度が下がってくると、固体の粒子が凝縮してきます。この固体の微粒子がお互いに衝突し、大きくなって星雲の回転する円盤の赤道面上に沈積してきます。赤道面上に降り積もった固体粒子は薄い層をつくっていますが、密度が大きくなると重力的に不安定になって、10㎞程度のいくつかの塊に分かれてしまいます。これを微惑星と呼びます。ここまでに約10万年かか

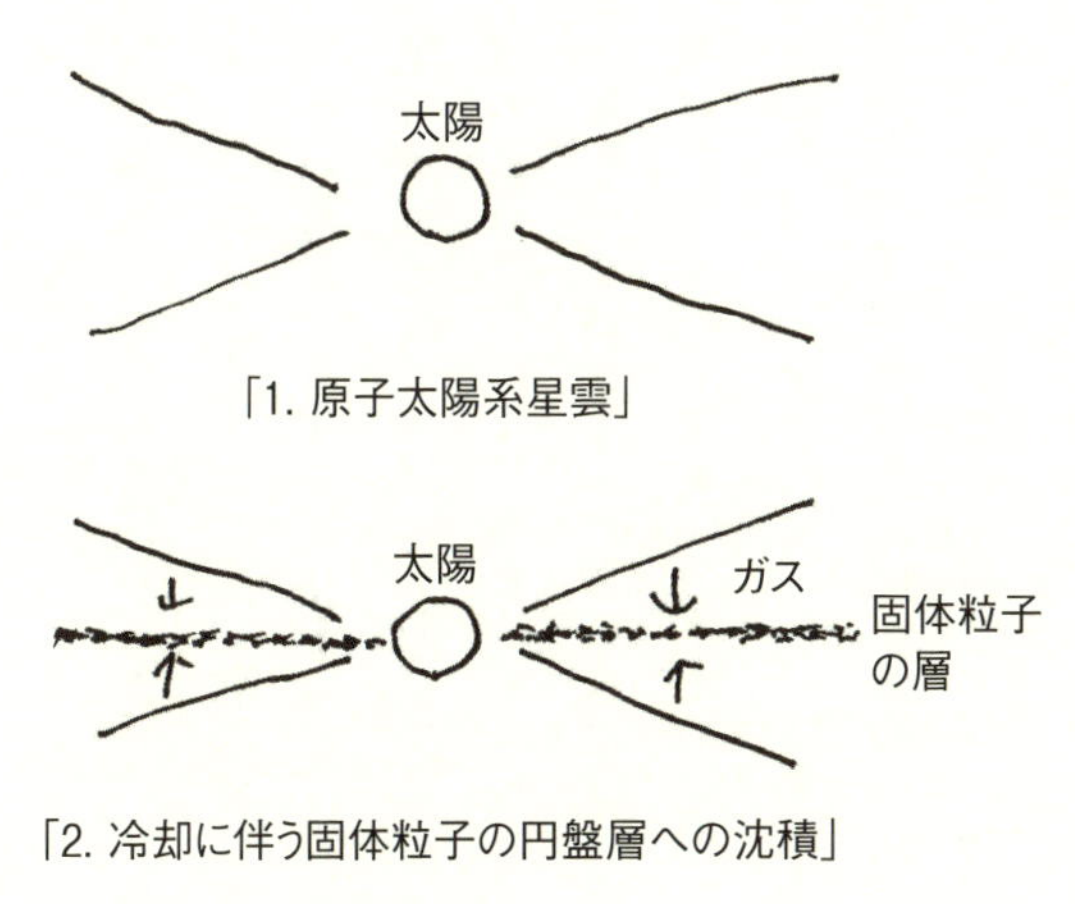

「2. 冷却に伴う固体粒子の円盤層への沈積」

太陽

微惑星

「3. 約10万年後に微惑星の形成」

「4. 1000万年から1億年後に惑星の形成」

ります。

微惑星は太陽の周りを回りながら、合体成長を繰り返し、惑星に成長していきます。木星よりも太陽に近い領域では温度が高く、氷やメタンなどの気体になりやすい物質が蒸発してしまって、固体の岩石物質だけが集まりました。これが地球や火星などの固体の惑星です。木星の辺りの領域では岩石だけではなく、氷のようなものまで集まってきます。その大きな質量のため周りの気体である水素も取り込んで大きな惑星になりました。地球の大きさにまでなるのに約１００万年かかりますが、木星の大きさになるのには１０００万年から1億年もかかります。

惑星がほぼできあがった頃、太陽は、星の進化の「Ｔタウリ段階」に入りました。Ｔタウリ段階というのは、星の収縮により内部の温度が高くなり、光度も増し、太陽風などが盛んに放出される時期のことです。これにより地球近傍などに残っていた、水素を主成分とする濃い原始大気は吹き払われてしまいます。そうして惑星は、長い時間をかけて軌道修正が行われ、現在見るような姿になったと考えられています。

100万年とか1000万年というのは46億年から見れば、大変短い期間です。このことから、太陽系は初期の大変短い時間に現在ある姿につくられたということもできます。

4　同位体科学について

元素の同位体比を使った研究は、宇宙惑星科学ばかりではありません。さまざまな分野の研究に使われています。

たとえば、古代の青銅器の産地を探すのにも鉛の同位体比などが使われています。産地によって、鉛の同位体比が異なることを利用したものです。在学中の東京藝大の保存科学の研究室でも、このような研究をしています。研究室の前の廊下の壁に貼ってある研究発表用のポスターに「同位体」の言葉を見つけ、懐かしく眺めました。

食物連鎖によって、窒素の同位体比が変わることも報告されています。窒素の同位体には窒素14（^{14}N）と窒素15（^{15}N）があるのですが、食べた側の生物

（捕食者）の体の窒素の同位体は、食べられた側の生物（被食者）の体の窒素の同位体と比べて、窒素15が少し濃縮するのです。これは、消化機能に関係していて、消化により重い窒素が濃縮されるからです。そうすると、窒素の同位体比測定から、一つの湖で、どの魚がどの魚を食べているかなど食物連鎖の階層もわかります。琵琶湖などでこのような研究がされています。

また、光合成には二つの経路があり、それで炭素の同位体比が異なることがわかっています。たとえば、小麦とトウモロコシやサトウキビでは、光合成の経路が異なっています。炭素の同位体には炭素12と炭素13があるのですが、小麦などのＣ３植物（Ｃ３型光合成を行う植物）は、トウモロコシやサトウキビなどのＣ４植物（Ｃ４型光合成を行う植物）と比べて、炭素13の割合が小さいのです。これを利用すれば、小麦を使った本物のビールと、別の材料を使ったもの（いわゆる発泡酒など）の鑑定もできます。他の国で、小麦ではない廉価な材料を使ってつくったものを、ビールと称して高く売っているものを見つけたという報告もあります。

ちなみに、米、芋、ブドウはすべてC3植物ですから、それぞれを原料とする日本酒、ビール、ワインは同じような炭素同位体比になります。

生物の体の炭素同位体比はその食べ物によって決定されることがわかっています。実際、アメリカを旅行したドイツ人のひげの炭素の同位体比が2週間ほどでアメリカ人の値に変わることが報告されています。そして、ドイツに戻ると、またもとの値に戻るのです。ドイツとアメリカで摂取する食物中の炭素同位体比の違いによるものです。

これを使えば人間がいつ頃、イノシシをブタに育種したのかなどもわかります。イノシシやブタの骨の化石の炭素の同位体比を調べ、その値が急激に変化した年代を調べればよいのです。それが森の食べ物から人間の与える餌になった時というわけです。

私たちも、人間の吐く息の中の炭素同位体比を測定しましたが、食べ物によって結構変化することを見つけました。

病気により、そういった同位体比に変化が出る可能性もないわけでもありません。ピロリ菌の感染検査には炭素の同位体比が使われています。ピロリ菌の持つ酵素が尿素を分解して二酸化炭素を出す反応を利用するものです。この場合には、炭素13をたくさん含む錠剤を飲んで息の中にそれが検出できるかどうかを調べるものです。

将来は、もっと一般に同位体比測定が健康診断にも使える日がくるかもしれません。

5　月について

地球の衛星である月の存在も見逃せません。実は、次の章で述べるように隕石の中には月からやってくるものもあるのです。月もどんなものか見ておきましょう。

月は地球の周りを回っていますが、地球から月までの距離は約40万㎞です。

太陽から地球までの距離は1億5000万kmもあります。ですから、月は地球の周りを回っているといっても、太陽から見れば月は地球と同じ場所で自転しながら回っているようなものです。月は約1カ月で地球の周りを回ります。月自体の自転も同じですから、月での1日は地球でいう1カ月になります。ですから月の1年は12日になります。そのため、一つの季節に相当する日数は、月では3日にしかなりません。

さて、地球をはじめとする惑星は、回転する原始太陽系星雲の中から生まれたものです。このため、惑星は現在も太陽の周りを回っています。

では、月はどうして地球の周りを回るようになったのでしょう。これは、月の成因と関係していますが、その前に月とはどのようなものかについて述べてみましょう。

月は惑星の衛星としては大変大きいものです。月の直径は地球の4分の1もあります。太陽系の中で、月以外で、惑星に対してもっとも大きい衛星は海王星のトリトンですが、これは海王星の10分の1ほどしかありません。また、月の質量は地球の81分の1です。太陽系の衛星の中で一番重いのは木星の衛星のガニメデですが、それでも、この衛星の質量は木星の1万分の1しかありません。このように月は衛星としては異常に大きいといえるのです。また、月と地球の距離も大変近いのです。このことから地球と月は二重惑星であるという人もいるぐらいです。

地球から見て、黒く見えるところが月の「海」と呼ばれている、ウサギの形に見えるところです。白っぽいところが「高地」です。高地はクレーターがたくさんあって、起伏に富んでいるので太陽光を反射しやすく明るく見えるのです。海は平坦なところで反射率が低く黒く見えます。

本当は、月には水がないので、「海」という言葉は不適切なのですが、ガリレオが望遠鏡を発明して、最初に月を観察した頃、「海」と名づけた名残りが今でも残っているのです。

１９６９年、アポロ11号で人類は初めて月に降り立ちました。アポロ計画では、アポロ11、12、14、15、16、17号で総計約４００キログラムの岩石を持ち帰りました。その他、ソ連の無人探査機ルナ16、20、24号で持ち帰った岩石も約３００グラムあります。この月の岩石の研究により、月の歴史がよくわかりました。

月ができた最初の数億年は太陽系内で隕石の衝撃が激しく、月の表面もそのために深さ数百㎞までは溶けていました。これは、「マグマの海」という意味で「マグマオーシャン」といわれています。

そして、軽いものが浮かび上がり月の地殻をつくりました。これが、月の高地ですが、現在の高地はその後の隕石の衝突を受けて、散々にくだかれ混ぜられたような岩石になっています。高地の岩石の年代は39億年から40億年なので、この時期まで隕石の衝突は盛んだったようです。

その後、大きな盆地ができ、下から上がってきた熱い溶岩が盆地を埋めて、海ができあがりました。火山活動は32億年前まで続いたようで、それ以後、前ほど頻繁ではないものの隕石の衝突によるクレーターがつくられ、月は現在のような姿になったのです。

月の平均組成は地球と比べてアルミニウム、カルシウム、チタンといった元素に富んでいて、鉄、ニッケルといった金属が少ないようです。このため地球にあるような金属鉄のコアが月にはないようです。もしあったとしても半径は500㎞以下だろうといわれています。

さて、月の成因についてはいくつかの説があります。月は衛星としては大きいので、地球とは別の場所でつくられたものが、地球の側を通った時に地球に捕獲されたとする「捕獲説」がありました。しかし、これには色々と難点があります。まず、捕獲が起こること自体が非常に難しいだろうということです。月の持っていたそれまでのエネルギーを何かの形で捨てないと、地球に捕まることはできません。

捕獲説は、月のサイズが大きいことと全体の化学成分が地球と異なることからでてきましたが、その後、月の岩石の酸素の同位体比を調べた結果、地球と同じであるという結果になりました。酸素の同位体比は隕石によって異なるので、このことは、地球と月が同じ起源であることを示唆しています。そのため、現在では、別の天体の捕獲説よりは、地球と同じものから分かれたという「分裂説」が主流になっています。

「分裂説」は、1878年にダーウィンによって、最初に唱えられたものです。昔、地球の自転が速かった時に、地球の一部がちぎれて、月になったというのです。この説は、その後、さまざまな形に発展していきました。地球のコアができた時、地球の物質分布が変わるので、回転が不安定になって月ができたという風にも考えられました。この説によると、月の平均密度が地球のマントルの値に近いことや金属コアがないことなど化学的な性質も説明できます。しかし、この説の欠点は、月が分離するには、地球の自転が非常に速くて、1日が3時間ぐらいだったとしないといけないことです。

地球
マントル
コア
小天体の
衝突
地球
マントル
コア
飛び出した
マントル物質
の塵
地球
マントル
コア
月

月のでき方

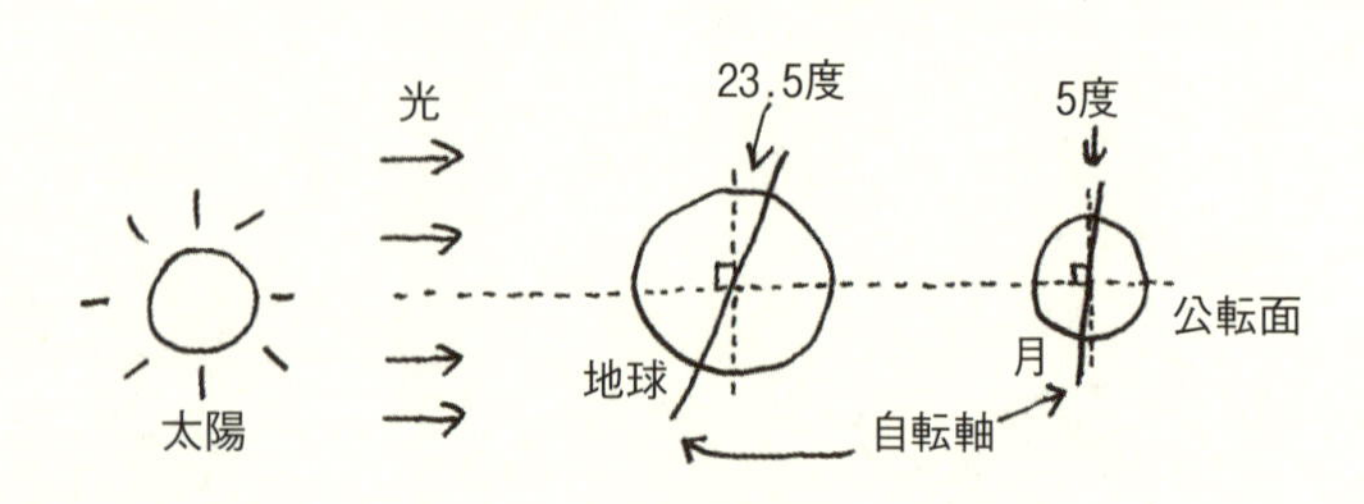

そのため、小天体がぶつかって、地球のマントル物質がはぎとられたという「ジャイアント・インパクト説」という説が提唱されました。これによれば、火星ほどの大きさの天体が地球に衝突したと考えられています。原始地球は破壊され、地球のマントル部分は大部分が宇宙空間に飛び出しました。その一部は地球に再び集積しましたが、衝突が斜めだったので、多くの部分が地球の周回上に残り、それが集積して月になったというものです。コンピュータによる数値シミュレーションでも、月が大変短い時間の間に集積することが示されています。

この説は、月の物質の化学的な性質をよく説明できるモデルとして、今では広く受け入れられています。

地球に四季ができるのは地球の自転軸が公転面に対して直角から23・5度傾いているからです。月の公転面は地球の公転面に対して直角から5度程度しか傾いていませんから、自転軸が5度傾いたまま太陽の周りを回っているようなものです。そのため、1年の内で季節差はないものと結論できます。

また、地球では大気があるから気候が存在するので、四季があります。月には大気がありません。そのため月では気候がないのです。雲も雨も雪も風もありません。ただ太陽光の射すところは温度が上がり、影になったところは温度が下がるだけです。アポロ17号の測定では昼間は100℃ぐらいになりますが、夜はマイナス200℃ぐらいにまで下がるのが観測されています。ですから、私たちが地球上でいうような意味での四季はもちろんありません。

大気がないということは地表からの観測でもわかります。月によって星が隠されるところをみていれば一瞬の内に星が隠されるからです。もし、月に大気があれば、隠れる前に光が薄くなったりするはずです。しかし、どの程度真空なのかは月探査機が行くまでわかりませんでした。観測されたのは、地球の大気の100兆分の1ほどの薄さでした。ごくわずかにあるのは、太陽風の水素やヘリウムで、太陽からきたものです。また、アルゴンが夜明けとともに増えるのも観測されましたが、月面が暖められて出てきたもののようです。硫化水素ガスのような火山ガスもありませんでした。

　大気のない月の世界がどんな世界になるかということを話してみましょう。まず、昼間でも空は真っ黒です。地球では大気の散乱で空が青いのですが、大気がないので光線が散乱されないからです。太陽が輝いているのに、星も輝いています。太陽は見てはいけません。すごく強い光のはずです。星は瞬きません。これも大気がないためです。はっきりときれいに見えます。影は大変鮮明で、光の当たっているところは明るく見えますが、影のところはくっきりと黒くなっています。

　流れ星はありませんが、たまに猛スピードで隕石が飛んでくることがあります。大気との摩擦がないので流れ星にならないのです。太陽と星はゆっくりと回りますが、地球は空の同じ場所にいたままです。これは月がいつも地球に対して同じ面を向けているからです。しかし、月からみた地球はゆっくりと満ち欠けをします。「満月」ではなく「満地球」の時には、満地球は大変明るいことでしょう。なぜなら、地球の大きさは月の４倍もあり、かつ太陽光の反射率が月と比べて６倍も大きいからです。

月に大気がないのは、月が小さい天体だからです。月からの脱出速度（月の重力を振り切って月から離れる速度）は秒速約２・４㎞です。月に気体があったとしても、暖められた時にこのぐらいの運動速度になることは十分有り得るわけです。そうして、この月の脱出速度以上になった気体は宇宙空間へ逃げていってしまいます。このように、小さな天体では大気が存在し得ないのです。

月を望遠鏡などでずっと観察していると、１カ月に一度ぐらいは月面で発光現象があるのが見られます。月面のある点がぱっと白く光り、すっと消えます。

これは、月面に宇宙人基地があり、地球の観察にやってくるのに、宇宙人が時々ロケットを飛ばしているからだというううわさがあるようです。なるほど、何もいないはずの月に発光現象があるので、そういう風に考えるのも無理がありません。

しかし、これは、実は隕石の月面衝突であることがわかっています。地球上では、大気があるので、小さなものは大気中で摩擦で燃え尽きてしまいますが、月には大気がないので、突入時そのままのスピードで月面に衝突します。その時の発光現象なのです。

アメリカのＮＡＳＡもこのことはよく承知しています。ＮＡＳＡによれば、年に１００件ぐらいの発光現象があるということですから、１カ月に10件近くということになります。将来、月面に人間の居住する建物をつくった際には、このような隕石の衝突は大変危険なことです。その安全確保のためにも詳しく調査しているようです。また、この隕石の衝突により、月から月の石が飛び出し、地球に落ちてくることもわかりました（第3章「５　隕石はどこからやってくるのか？」を参照）。

Column 3

Meteorite

アポロ宇宙船の月着陸について

私が大学に勤めていたある時、アルバイトできてもらっていた秘書さんから、

「先生変なことを聞いてもいいですか」

と質問を受けたことがあります。ちょうど昼休みで弁当を食べている時でした。

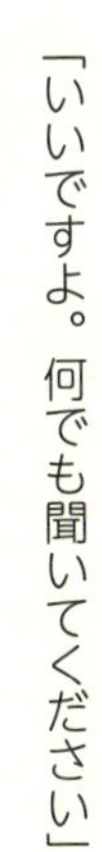
「いいですよ。何でも聞いてください」

と答えると、

「アポロが月に行ったというのは嘘で、実はアリゾナのセットで映画撮影をしたというのですが、本当ですか？」

という質問でした。

さらに

「先生は隕石の研究をしていて、NASAとも関係が深いようなので、もしかして、極秘情報を御存知かと思って」とまで言いだす始末です。

私はNASAとはそんな深い関係はありません。大笑いして、

「いやあ、そういうテレビ番組などもよくありますよね。でも、持って帰ってきたのは、地球のではない岩石試料で、間違いなく月の岩石試料です。あれを持って帰ってきているのだから、間違いなくアポロは月には行ったと

思いますよ」

と答えました。

月には大気がないのに旗がはためいているのがおかしいというのが、一番の大きな理由らしいですが、これは旗を支える水平材を入れてあるのと、旗のしわを伸ばさず、旗を拡げたからです。これは、逆にはためいているように見えるようにという工夫があったようです。

それにしても、なぜ月に行っていないのに月に行ったことにする必要があるのでしょう。また、月の石は1970年にソ連も持って帰ってきているわけですから、おかしなことはできないはずです。

2009年と2011年にはNASAの月周回無人探査機がアポロの着陸点の鮮明な映像を送ってきました。それによると宇宙飛行士の足跡や残してきた観測装置の写真もしっかり確認できました。

これで、間違いなくアポロは月に行ったという証明になりました。

☆★☆★☆★☆★☆★☆★☆★☆★☆★☆★☆★☆★☆★☆★

6　太陽系探査

一番地球に近い星は月で、世界で初めて月に探査機を飛ばしたのは、旧ソ連です。1959年の1月2日に打ち上げられたルナ1号は月に着陸はしませんでしたが、月の近傍をかすめていきました。そして、ルナ2号で初めて月に探査機を到達（衝突）させました。ルナ9号で初めて月の軟着陸に成功、ルナ16号では、月の土壌試料101グラムを無人機で初めて地球に持ち帰りました。

この時期は冷戦時代です。アメリカ合衆国はソ連に負けまいと、宇宙開発競争が始まりました。アメリカ合衆国は月に人間を送り込む計画を立てました。アポロ計画です。オバマ大統領は演説がうまいと言われていますが、1960年代の内に月に人間を送り込むという宣言を行ったケネディ大統領の演説は、大変迫力がありました。

アポロ11号が月に着陸したのは、1969年7月20日で、私もその様子をテレビで見ていました。その当時は月の表面がどういう状態だかよくわかってい

アポロ11号の月着陸船イーグルとアームストロング船長

ませんでした。隕石が表面に衝突して粉々になったものが積もり、月面はふわふわ状態で、アポロのロケットは、着陸できずに底なし沼に入ったように、ずぶずぶと沈むかもしれないという恐れもあったのです。アームストロング船長の足跡の写真が有名になりましたが、これは月面に人間が降り立った時にどのぐらいの足跡がつくかということでも、大変重要な情報を与えているのです。月の表面は「レゴリス」といわれる岩石のかけらの細かい粉に覆われていて、その下に岩盤があるのです。しかし、レゴリス層はそんなに厚いものではなく、数ｍから数十ｍのようです。数㎝しかないところもあります。

アポロ計画の最初では、発射台で火災があり、飛行士３名の命が奪われました。これはアポロ１号と正式に番号がつけられ、徽章（ワッペン）が製作されています。アポロ13号では、途中で酸素タンクが爆発するという事故が起こりましたが、宇宙飛行士たちの決死の努力で無事地球に帰還しました。これは「アポロ13」という映画にもなっています。

中国は２０１３年に探査機を着陸させるのに成功しました。ソ連、アメリカについで３番目でした。

日本も月の周回衛星である「かぐや」を２００７年９月に打ち上げました。ハイビジョンカメラで撮られた大変鮮明な月の写真が送られてきたのを憶えておられる方も多いと思います。「月の出」ならぬ「地球の出」（「地球の入り」も）も撮影されました。「かぐや」には14種類の観測機器が搭載され、月の表面の元素分布や鉱物分布、重力、磁場分布なども観測されました。２０１５年の現在、日本のＪＡＸＡは３年後にＳＬＩＭという小型探査機を月面着陸させようという計画を持っています。これは、着陸地点を高精度で決めることができるという利点を持っています。

このように、月の表面の情報は、持ち帰った試料、周回衛星での遠隔測定などで、今では大変よくわかっています。

火星については、最初に着陸したのは1971年のソ連のマルス3号でしたが、着陸直後に信号が途絶えました。本格的な調査は、アメリカ合衆国のバイキング1号、2号で、両方とも1975年に打ち上げられ、翌年の1976年に軟着陸しました。火星には薄いながらも大気があります。それでパラシュートと逆噴射のロケットで軟着陸しました。そして、火星表面の写真を送ってきました。草一本生えていない、大きな石がごろごろと転がっている世界でした。もちろん、草が生えていたら大発見です。火星に生命体があるということになります。

1997年には、NASAはマーズ・パスファインダーという計画で20年ぶりに火星に探査機を着陸させました。クッションになるエアバックに包んだ着陸機を直接火星に落とすという奇抜な計画でした。何回かバウンドした後うま

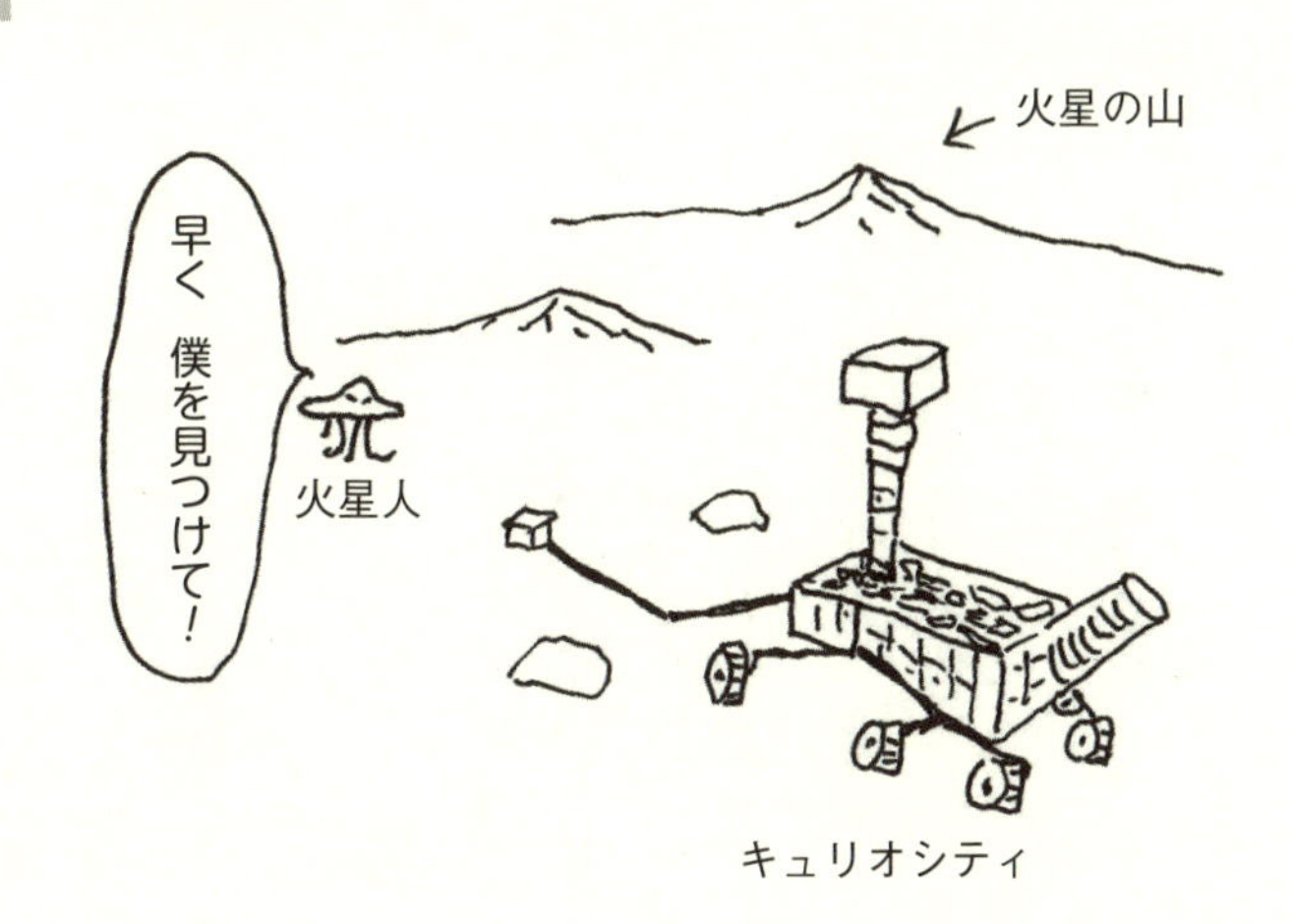

く着陸し、多くのデータを地球に送ってきました。

ＮＡＳＡは現在キュリオシティという火星探査機を火星に送り込んでいます。これは生命の痕跡を探すのが目的です。２０１１年11月に打ち上げられ、２０１２年８月に火星に軟着陸しました。「ゲールクレーター」という名のクレーターの内側にある山のふもとです。そこは昔、水が流れて土壌を堆積させた場所と考えられていました。キュリオシティは、長さが３ｍで、総重量は約９００キログラムもあります。車輪は６個あり、１ｍ近くの障害物があっても走行に支障がないように設計されています。原子力電池を搭載していて、計器を作動させると同時に、保温にも使われています。ハイビジョンカメラも搭載されています。穴を掘り試料を採取することもできますし、その分析をすることもできます。また、顕微鏡や表面の元素分析装置なども完備し、まるで一つの実験室のようです。

2013年には、キュリオシティがこのクレーターの内部で淡水湖の痕跡を発見しました。粒子の細かい堆積岩があったのです。水素、炭素、酸素、硫黄なども含まれており、生物が存在する環境があったといえるものです。しかし、生命の直接的な証拠といえるアミノ酸などはまだ見つかっていません。もし、これらが発見されれば、火星にはまちがいなく生命があったといえるでしょう。

2030年以降には、国際協力で火星の有人探査をすることが計画されており、日本もそれに参加することになっています。

金星へは、最初にアメリカ合衆国がマリナー2号と5号で探査を行いました。1962年と1967年のことです。金星の表面が高温度であることや大気が大変早い速度で回っていること（スーパーローテーション）などが明らかになりました。また、ソ連も気球と着陸機を降ろして調査しています。日本は2010年に「あかつき」を打ち上げましたが、エンジントラブルにより金星を周回する軌道に入れることには失敗、現在は太陽の周りを回っています。しかし、２０１５年12月には再び金星に近づくので、再度金星の周回軌道に入れようと計画されています。

水星には、マリナー10号が近づき、映像を送ってきました。これが、水星への初めての探査機でした。また、同じくＮＡＳＡの探査機であるメッセンジャーも水星の周りを周回して探査を行っていましたが、２０１５年５月に燃料切れで水星に墜落しました。日本のＪＡＸＡは欧州宇宙機関と協力して、周回する探査機を２０１６年に打ち上げようとしています。ベピ・コロンボという水星探査計画です。

木星・土星にはパイオニア10、11号、ボイジャー１，２号などが、通り過ぎて観測データを送ってきました。ボイジャー１号は１９７７年に打ち上げられ、木星、土星と観測して、２０１２年８月に太陽圏を出ました。そして、現在も飛行中で、太陽系から一番遠くにいる人工物体ということになります。木星の衛星のイオに活火山があるのもボイジャー１号の写真からわかりました。土星と同様、木星にも環があることがわかったのもボイジャー１号の成果です。

また、１９８９年には、木星とその衛星、そして小惑星を探査するため、ガリレオという探査機が打ち上げられました。スイングバイという惑星の重力をうまく利用する方法（第４章「１　ロケットの飛行法」を参照）で、小惑星の探査、そして木星に達しました。木星では、１９９４年７月にシューメーカー・レヴィ第９彗星が木星に衝突するのを観測しました。

１９９７年にＮＡＳＡと欧州宇宙機関の打ち上げたカッシーニは、やはりスイングバイで土星に到着、土星を周回して、新たな衛星をいくつか発見するとともに、ホイヘンスという惑星探査機を切り離して、２００５年に土星の衛星であるタイタンに着陸させました。タイタンは大気を持ち、地球と同じように生命のある可能性があったからです。ホイヘンスによって液体メタンからできたような海や川の様子が写真に撮られました。また、メタンの雨が降ることもわかりました。また、カッシーニの観測から、土星の衛星のエンケラドスの地下に大規模な塩水の海があり、生命が存在する可能性があることもわかりました。

惑星でなくなった冥王星には、２００６年ＮＡＳＡの探査機ニューホライゾンが打ち上げられました。２０１５年7月には冥王星に最接近して、大気や表面の様子、衛星の有無などを探査しました。

この他、サンプルを持ち帰る探査機としては、スターダストがあります。彗星の探査は、１９８６年のハレー彗星接近の時に欧州宇宙機関がジオットという探査機を飛ばし、核の写真を撮りましたが、彗星のサンプルリターン（試料持ち帰り）に成功したのはスターダストが初めてです。スターダストは、ＮＡＳＡにより、１９９９年に打ち上げられ、２００４年にヴィルト第2彗星の尾の中に入り試料を採取し、２００６年に地球に帰還しました。彗星の塵の研究には多くの日本人研究者も加わり、隕石に特徴的な球状の鉱物粒子であるコンドリュールに類似したものやさまざまな有機物が発見されました。アミノ酸の一種であるグリシンも含まれていることもわかりました。アミノ酸はたんぱく質をつくる材料で、生命の材料物資ともいえるものです。

２０１４年には、欧州宇宙機関の探査機ロゼッタが打ち上げから10年後にチュリュモフ・グラシメンコ彗星に到着、11月には着陸機フィラエを彗星表面に着陸させるのに成功しました。彗星表面の鮮明な写真などを送ってきましたが、その後フィラエの電源が切れてしまいました。しかし、7カ月後の今年（2015年）の6月には電力が回復し（太陽に近づき太陽電池のパワーが上がった？）、再びデータ送ってきました。8月には彗星が太陽にもっとも接近し、太陽により彗星からのガスの吹き出しなどが盛んになるのが観測されました。

もう一つ、サンプルリターンで有名な探査機は、ジェネシスです。2001年にNASAにより打ち上げられました。2年少しの間、太陽と地球の重力が釣り合う地点で、太陽風の試料を採取して、2004年9月に地球に戻ってきました。ただ、帰還の際開くはずだったパラシュートが開かず、そのまま激突しました。それでも、カプセル内の試料は問題なく、酸素や窒素の同位体比などが研究されました。太陽と地球ではこれらの同位体比が異なることなどがわかりました。これは、原始太陽系星雲から地球ができる時に、これらの同位体比が異なるようになる何らかの機構が働いたことを示唆しています。

太陽に一番近い恒星でも4・3光年も離れていることは、前に述べました。ですから、太陽系以外の星に探査機を飛ばして調査をすることは、現在の技術ではとてもできないことです。

7　太陽系内移住

世界の人口は現在約70億人です。1960年頃は30億人ぐらいでしたから、この50年で2倍以上になっています。このままの勢いで増え続けると、恐ろしいことになります。日本では、デフレが続き、円高の影響もあって、物価はむしろ値下がりしていたのですが、世界的にみると、人口増加に伴い、食料品などの値段はじわじわと高騰してきています。

こういった地球上の人口増加に対する一つの方策として、人類が地球以外の星に移住することが考えられます。

もちろん、太陽系外の星でも住めるところがあればよいのですが、前にも書いたように一番近い恒星でも4・3光年も離れています。ましてや、系外惑星（太陽系外の惑星系）ともなると、もっと離れているわけですから、行くことはほとんど不可能です。それでは、移住できる星は太陽系内のどこにあるでしょう。

人間が居住するためには、酸素、水、食糧、建物が必要です。

真っ先に考えられるのは地球に一番近い月です。もし、他の惑星に行くとしても、まず月の基地に立ち寄ってから行くのが便利でしょう。なぜなら、月は小さいし、大気がないので、他の惑星へロケットを飛ばすのに大きなエネルギーがいらないからです。

それで、月面基地を設置することが考えられています。ＮＡＳＡは、２００６年に月面基地の建設を計画したことがあります。後述する国際宇宙ステーション（ＩＳＳ）のように国際協力による計画で、２０２０年までには月面基地を建設し、２０２４年には長期滞在ができるようにするというものでした。しかし、残念ながら、２０１０年にオバマ大統領により計画は中止になりました。計画の遅れや予算の削減のためです。

月では、太陽風起源のヘリウム３が大量にあり、これは、核融合の材料になるというので、注目されています。地球上にはほとんどありません。月面でこのヘリウム３を使った核融合が可能になれば、エネルギーをほぼ無限に得ることができます。

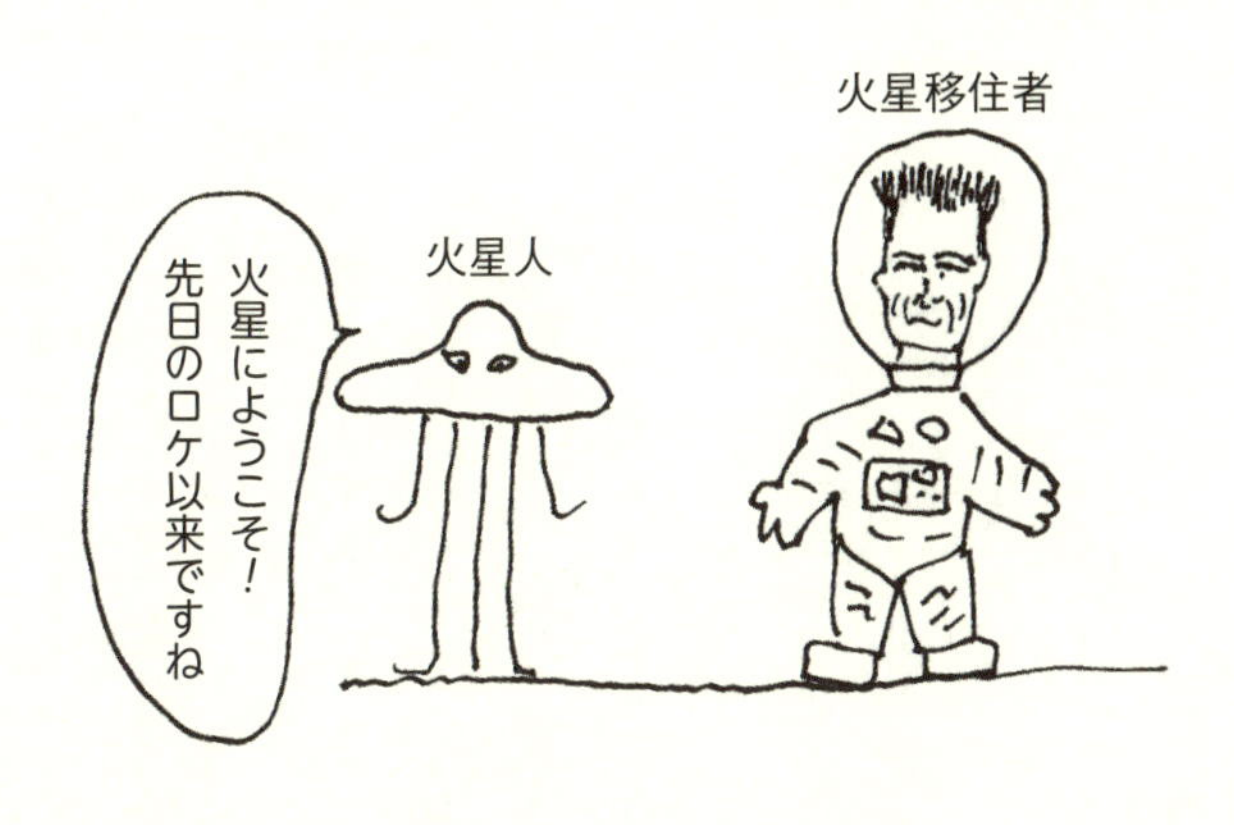

火星移住者
火星人
火星にようこそ！
先日のロケ以来ですね

月面では太陽光を利用した発電なども考えられています。そのためには、月の基地は月の極のところにつくらねばなりません。というのは、月の1日は1カ月なので、普通の場所だと、月の半分は夜になり、太陽光が届かないのです。極に基地をおけば、いつでも太陽からの光を受けることができるというわけです。

月には大気がなく、人工的な雑音もないので、天体観測には好都合です。また、重力も地球の約6分の1なので、大型装置も安あがりに組むことができます。

NASAは、月面基地の計画を中止した代わりに、2030年代に人類を火星に送り込むという計画を立てています。こちらの方が、さらに壮大な計画です。

シュワルツェネッガー主演の映画「トータル・リコール」では、火星に植民地があり地球と自由に行き来する様子が描かれています。

確かに、火星以外に太陽系で人類が住めそうなところはほとんどないでしょう。

探査機の調査などにより、火星にはかって水が存在したこと、また現在でも火星表面に水があることが報告されました。ただ、火星は大気があるとはいえ、地球の1％もないほとんど真空のような状態です。かつ、磁場が地球と比べて弱く、太陽からの荷電粒子が直接くることになるので、放射線による影響などが心配されています。

また、地球から火星までは、数カ月もかかり、もし、帰りの良い時期を待って、地球に戻ってくるとなると、最短でも2年半かかります。ですから、結構大変な旅行なのです。

オランダの民間団体「マーズ・ワン」が、２０２５年から火星に行く人を募集しましたが、これは行ったきりの片道切符です。それでも20万人ぐらいの人が応募したようです。２０１３年の暮れに１０００人ぐらいを選んだという発表がありました。最終的には24人を選び、２０２５年に４人、それから2年ごとに２人ずつ火星に送り込むということのようです。

宇宙トンボ

私が東京大学の理学系研究科地球物理学専攻の大学院生だった頃、地球物理学専攻は、天文学専攻と同じ建物にありました。同じ文京区内ですが、弥生式土器が出土した弥生町です。本郷のメインキャンパスから少し離れたところで、地下鉄の根津の駅から少し高台に上がったところです。多分、昔は根津のあたりまでは海で、その海岸沿いの高台に弥生人が住んでいたのでしょう。

その地球物理学専攻の建物には、時々、不思議な人が現れていました。何を生業にしている人かよくわからないのですが、「宇宙は一匹の大きなトンボだ」というのが、その人の持論なのです。ふらりと大学の研究室に入ってきて、暇そうな学生や研究者を捕まえては、自説を展開するのです。それで、私たちは、その人のことを「宇宙トンボ」と呼んでいました。

今だと、不審者が大学に出入りしているということになります。しかし、その人は結構頻繁にきていて、多くの人とも知り合いでもあり、なぜか部外者というようには思えない雰囲気がありました。

宇宙トンボ氏は、どういうわけか政治家とも親交があるようで、自分の載った新聞記事の切り抜きを持っていたりもしていました。つかまると、そんな記事も見せられた上、長い問宇宙のトンボ

説を聞かされるので、先生や先輩の大学院生はうまく逃げ、新入りの大学院生がつかまって相手をすることが多かったように思います。

私たちは研究室に配属された直後で、まだ学問的な議論にも慣れていない時です。ただ素直におとなしくその説を聞いていたのだと思います。大学は象牙の塔ではなく、社会に広く開かれていなくてはならないという意識が始まったばかりの頃でした。

一般の人も自由に科学を楽しむ雰囲気があったのを懐かしく思い出します。そういった話を大学でできるのは宇宙トンボ氏にとっては楽しかったに違いありません。それにしても、なぜ宇宙が一匹のトンボであるのか、その説の根拠はすっかり忘れてしまいました。

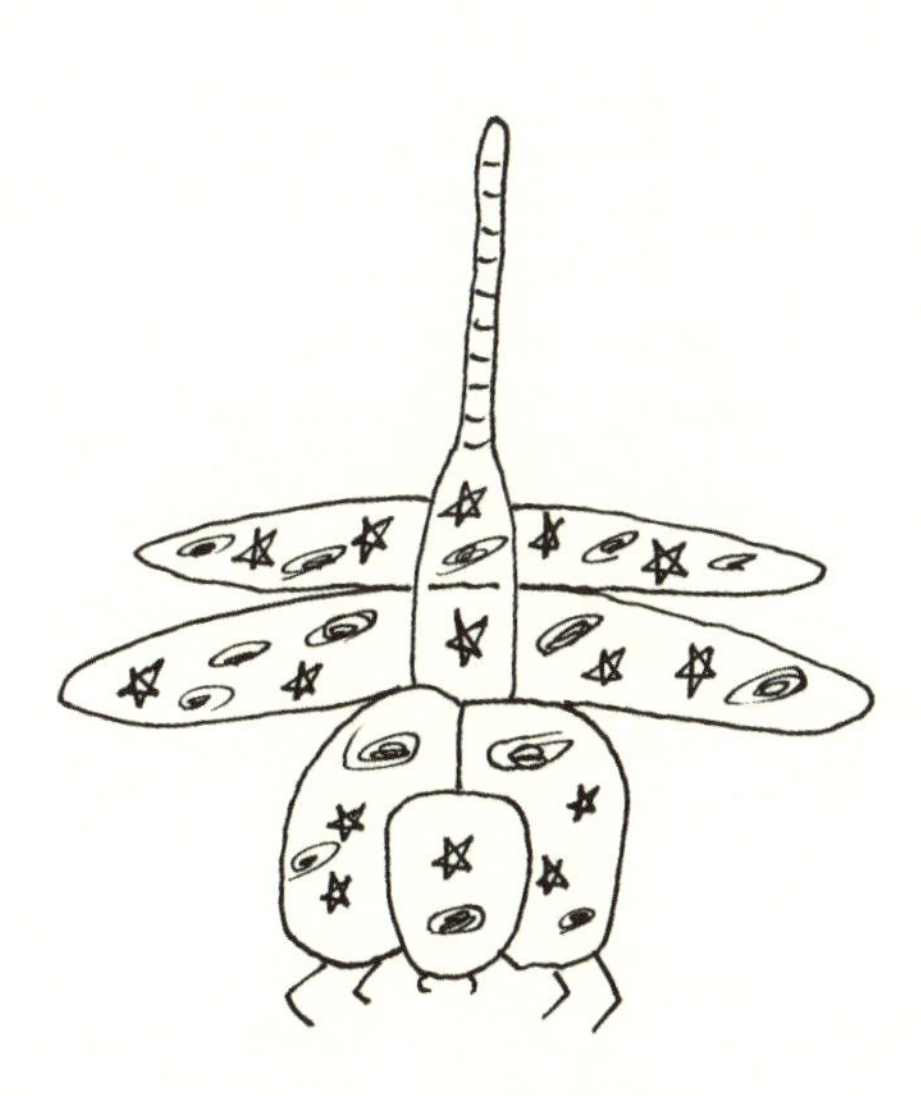

宇宙トンボの想像図

第3章

隕石・彗星のふしぎ

1　流れ星と隕石

「流れ星が光っている間に願い事をするとかなう」という言い伝えがあります。しかし、流れ星の光っている間は1秒もあるかないかです。本当に「あっ」という間ですから、なかなか難しいものです。何を願おうかと考えている内に、流れ星は消えていってしまいます。むしろ、これができるぐらいの素早い反射神経による行動力を持っていれば、願い事を成就するのに十分な素質があるといえるでしょう。

流れ星というのは、宇宙空間にある彗星や隕石などのかけらが地球の大気圏に突入してきて、摩擦熱で発光し、燃え尽きてしまうものです。最近では、人工衛星や切り離したロケットの部品などが落ちてくる時に燃えて、流れ星になるのもあります。

後で述べるように、彗星と隕石は明らかに違うものです。彗星は氷と塵の混ざった泥の塊のようなものですが、隕石は主に岩石や金属です。しかし、流れ星として観測されている時には、その区別はありません。大気中で燃えて、夜空に星が流れるようにみえるのをすべて流れ星と呼んでいます。

毎年、夏にはペルセウス座流星群が見えるというので話題になります。これは、スイフトタットル彗星が、その軌道にたくさんの塵をまき散らしていったからです。

彗星は太陽によってあぶられて、氷が溶けてたくさんの塵が放り出されることになります。この結果、彗星の軌道には、たくさんの塵が漂っていることになります。地球がこの軌道に入ってくると、塵が地球の大気圏に入ってきて、たくさんの流れ星が観測されることになります。地球は、ちょうど北半球が夏の時に、このスイフトタットル彗星の軌道と交差するところを通ります。そして、そのスイフトタットル彗星の軌道がペルセウス座の方向になるので、そのあたりに流星が多くなるというわけです。

そのほか、いくつかの有名な流星群がありますが、いずれも彗星の軌道にたくさんの塵が漂っているところを地球が通るために、たくさんの塵が流れ星となって観測されるからです。たとえば、オリオン座流星群はハレー彗星に関係

したものです。もちろん、塵が放出されるということは彗星が小さくなるということになります。ただ、ハレー彗星などがずっと同じ周期で回ってくることを考えると、その減少する割合は一般にはごくわずかなもののようです。

ところで、流星群とか流星雨というと、全天が雨のように流星で覆われるような光景を想像する人がいますが、なかなかそうはいかないようです。長い時間にわたってぽつぽつと流れ星があることの方が多いです。ヨーロッパの古い絵などには、全天雨のような流星の姿が書かれているのもありますが、そんな光景を是非一度見てみたいものです。アメリカで観察された１８３３年のしし座流星群は、見事なものだったようです。斉田博さんの書かれた『おはなし天文学2』（地人書館）に載っているある教授の話によれば「花火状の連続放射で、眠った人を目覚めさせるほどの美しさだった」ということです。まるで雪のように星が降ったそうで、7時間に20万個もの流れ星があったといわれています。

隕石の突入による流れ星は、彗星のような決まった場所にあらわれる流星群にはなりません。いつ起こるかわからない一回切りの現象です。しかし、隕石が、途中で割れた場合などはまさに流星のシャワーのようになる場合もあります。

1969年にメキシコに落下したアエンデ隕石は5トンぐらいあったといわれますが、途中で割れて、10㎞×50㎞の範囲に散らばって落ちてきたようです。数千個に割れて落ちてきたものと思われます。村人がたくさん拾っていて、その後にその隕石調査に行った人は、村人があまりにもたくさん持っているので驚いたと話していました。回収した量は、全体の半分ぐらいの2～3トンぐらいのようです。

1969年には、アポロの月着陸、このアエンデ隕石の落下、また、オーストラリアでもマーチソン隕石の落下がありました。マーチソン隕石も１００キログラムほどが回収されました。アエンデ隕石もマーチソン隕石も大変始源的な隕石で太陽系ができた時のままのような状態を保持している物質でした。これらの試料により、隕石科学が大変発展したのです。

そういう意味で、１９６９年は宇宙惑星科学では特別の年といわれています。

2　隕石の落ち方とその量

隕石は、地球の大気圏に入ってくると、大気との摩擦で表面が溶けるほどの温度にまで上がります。秒速約12㎞のスピードで落下しますから、新幹線の約２００倍、音速の約40倍の速さです。

隕石の形はいびつなので、大気中で空気の抵抗で局所的な力がかかって割れることも多いです。また。超音速による突入で衝撃波が走るのですごい音がします。まさに、閃光と大音響を轟かせ華々しく落ちてくるわけです。

１９９８年9月のある夜、神戸に隕石が落下しました。「神戸隕石」です。この時は岡山でも火球が見え、そのようなテレビのニュースもありました。翌日、新聞を見ると、あるお宅の屋根を突き破って、2階の寝室のベッドの上に落ちたようです。そこで、研究室の学生達を連れて見学に行きました。空中で割れることが多いということを書きましたが、そういう断片が近くに落下していることも多いので回収しようと思ったからです。家の前にはテレビ局の人などがきていました。

隕石が家の屋根に落ちてきたとしたら、屋根は粉々になったと思うかもしれませんが、屋根にはこぶし半分ぐらいの大きさの穴があるだけでした。また、周りは住宅街で、他の断片など探しようもありませんでした。近くの学校のグラウンドを少し探しましたが、何も見つかりませんでした

2階のベッドの上の粉々になった隕石のかけらを回収したということでしたが、最初は警察の科学捜査研究所に運ばれました。というのは、隕石かどうかはっきりしない場合、事件性もあるので警察の管轄となるようです。その家のお母さんが掃除機で吸い取った隕石のかけらも、掃除機のゴミ袋を取りだして回収したようです。その後、隕石であるとはっきりして、研究者に渡されまし

た。神戸大学の先生が中心になって、日本中に隕石試料として分配され、研究に供されました。

私たちの研究室にも神戸隕石が届き、どのぐらいの期間宇宙空間を飛んでいたのかというようなことを測定しました。宇宙空間では、宇宙線に照射されて原子核が壊される反応（「原子核の破砕反応」といいます）が起こるので、そうしてできる元素の同位体の量を調べれば、どのぐらいの期間宇宙を飛んでいたのか（これを隕石の「照射年代」といいます）がわかるのです。神戸隕石では４０００万年ぐらいという結果がでました。これは、地球に落ちてくる大きさになってから、宇宙空間を飛んでいた時間ということになります。

同位体比によるこのような研究では、宇宙空間を飛んでいた時間以外にも、地球に落下してからの経過時間（これは「落下年代」といいます）などもわかります。大気の厚い壁に遮られて地球表面である地上には宇宙線が届きません。そのため、宇宙空間での原子核の破砕反応でできた放射性元素は、地球に落下してからはただ崩壊していくだけになります。ですから、そのような放射性元素の同位体の量がどのぐらい減少しているかを調べればよいのです。後から述べるように南極などでは大量に隕石が発見されていますが、それらについては、落下してからどのぐらいの時間が経過しているのかなどは、南極上で隕石を運んでいく氷河の運動にも関係していて大変重要な情報になります。

また、宇宙空間での宇宙線の照射強度は、隕石表面で一番強く、隕石内部に入ると急激に弱くなります。これは、隕石内部の物質により宇宙線が吸収されるからです。このことから、ばらばらになって落ちてきた隕石のかけらの宇宙線でできた放射性元素の量を測定すると、その隕石のかけらが宇宙空間でもとの隕石全体の表面からどのぐらいの深さにあったかなども推定できます。まるで、粉々になった花瓶の最初の姿を復元するようです。

2013年2月に、ロシアのチェラビンスク州に隕石が落ちたことは記憶に新しい事件です。大気圏内に入った後に、大気中に飛行機雲のような隕石雲ができています。火球はこの雲の尾を引きながら、空中で分裂しました。車に搭載されていたカメラが写した火球の姿がインターネットで世界中に配信されました。太陽よりも明るかったようです。衝突天体の大きさは直径が20m近く、大気圏へは18度ぐらいの浅い角度で突入しました。速度は秒速20㎞ほどだったようで、高度45㎞ぐらいから何回かの爆発があったようです。この隕石の落下では、衝撃波で建物のガラスなどが割れた様子や多数の人が負傷した姿に驚かされました。数千件の家屋に被害がでました。割れたガラスによるけがや強い光によるやけどのような症状を訴えた人が多かったようです。隕石の落下でこのような大きな被害があったことは、これまで報告がありませんでした。

大きい隕石の場合には大気圏で燃えきれずに地球に落ちてきますが、非常に小さい（たとえば10㎛以下）場合にもふわふわと降りてきて地表に届きます。ちょうど中間のサイズのものが流れ星として観測されることになります。

海洋底の堆積物を調べると、このような小さな隕石がたくさん発見されます。これらは「マイクロメテオライト」と呼ばれています。堆積物を水でけん濁（かき混ぜて、濁らせること）させ、磁石をいれてかき回すと、磁石にくっついてきます。この化学成分や同位体比を調べると地球外物質であることがわかるのです。

隕石も含め、このような地球に落下してくる地球外物質は、年間にして1万トンとも10万トンともいわれています。地球外物質がこんなに大量に降ってくるなら、地球は現在でも大きくなっていっているかというと、そうではありません。この降り積もる量が46億年続いたとして全量を計算しても、地球の全質量の1000万分の1以下しかならないのです。

もっとも、地球ができた46億年前は隕石の落下がもっと盛んで、このような隕石物質が降り積もった結果、地球や他の惑星ができたわけです。

直方(のうがた)隕石とカーバの石

隕石が実際に落ちるところを目撃されている世界で一番古い隕石は、実は日本にあるのです。落下した場所は、福岡県直方（「のうがた」と読みます）市の須賀神社です。須賀神社には、桐の箱に入った拳ほどの黒い石（「直方隕石」）があり、虫食いだらけの古い箱のふたの裏に「貞観三年四月七日二納ム」と墨で書いてあります。これは、現在の暦に直すと、西暦861年5月19日で、小野小町の活躍した頃の平安時代です。

この発見までは１４９2年に落ちたフランスの「エンシスハイム隕石」が、落下を目撃された一番古い隕石だったので、直方隕石は、いっきに約６００年も記録を更新したのです。昭和55年に東京博物館の村山定男さんが、隕石ではないかとの連絡を受けて調べた結果、広く知られるようになりました。一部黒い部分に欠けたところがありますが、その個所がその時に隕石の判定をするため東京に持ち帰った部分です。

何年か前に、この直方隕石をオーストリアの教育テレビが映画に撮りたいということで、日本にやってきました。現在はウィーン自然史博物館の館長をしている私の友人のウィーン大学の先生も一緒で、彼から連絡があり、直方への道案内をかねて私も一緒に行きました。福岡から車で1時間ほどのところです。

直方市に着いて、須賀神社への道を尋ねると「ここには須賀神社は二つある」と言われて、びっくりしましたが、なんとかたどり着くことができました。須賀神社は西暦６３３年の建立で、大変古い由緒ある神社です。

隕石の落ちた様子は次のようです。ふたに書かれている貞観3年4月7日の夜、村全体が突然昼のように明るくなったかと思うと、境内で激しい爆発音が起こりました。朝になって、村人が神社へ行くと、社殿の一部が壊れており、境内の土が深くえぐられていることがわかりました。その土の中に拳大の黒く

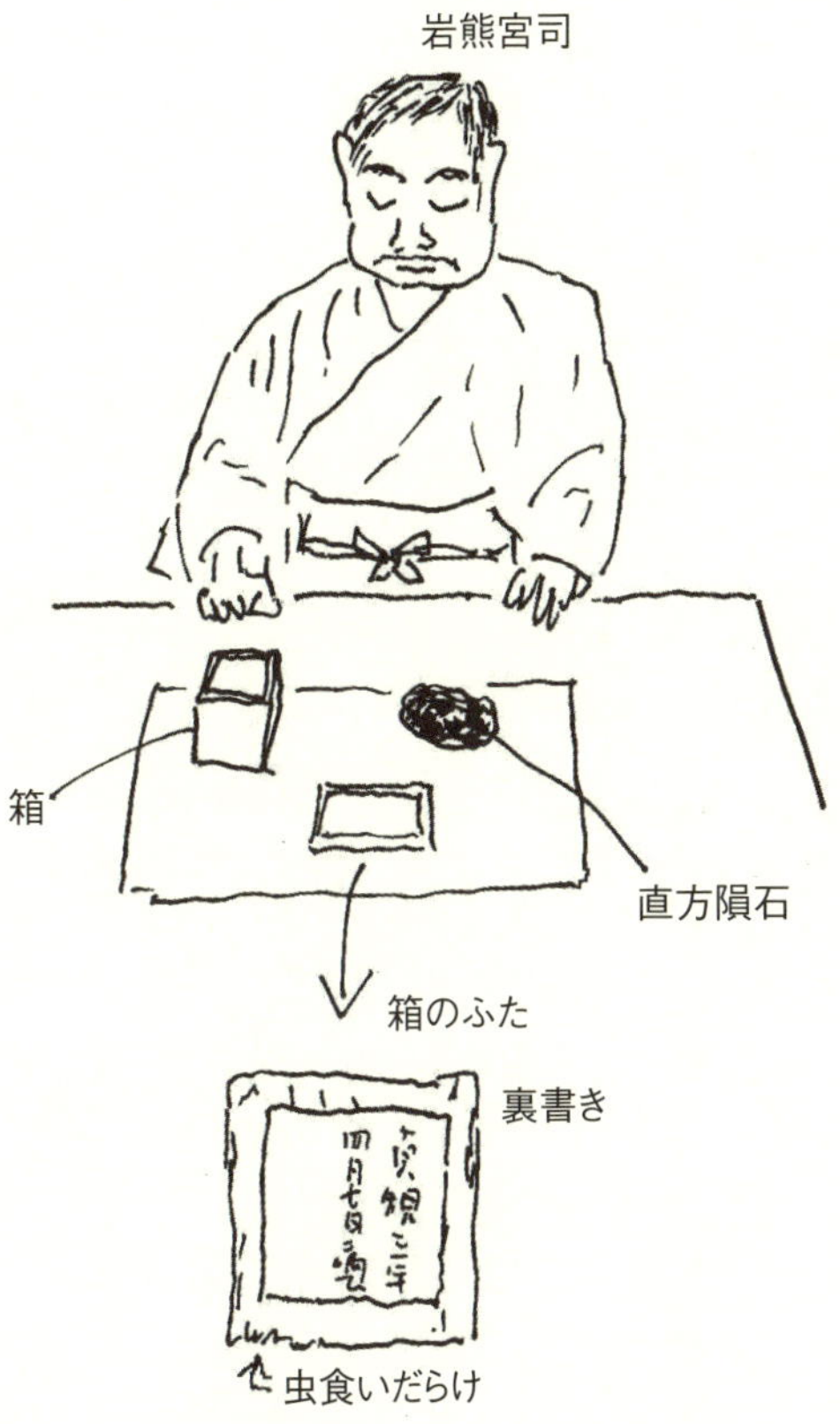

焼けた石があったので、それを掘り出して箱に納めたそうです。

オーストリアのテレビのプロダクションの人から、須賀神社の岩熊宮司さんが袴をつけて隕石を運んできて、机の上において静かにふたを開ける場面を撮りたいので、宮司さんに話してくれと頼まれました。宮司さんは、この頼みに気さくに応じて下さいました。オーストリアのテレビプロダクションは、大喜びで帰って行きました。あとから、できあがった映画を見ましたが、世界中の隕石が紹介されていて、大変面白い教育映画になっていました。

隕石は空から落ちてくるので、昔の人はさぞかしびっくりして、不思議に思ったことでしょう。しかも、落ちたところが神社というのですから、霊験あらたかに思ったことは間違いありません。

イスラム教の聖地であるメッカにはカーバ神殿というイスラム教最高の神殿があります。「カーバ」とは、アラビア語で立方体という意味だそうですが、その名のとおり、一辺が約10ｍの立方体に近い神殿です。

イスラム教は偶像崇拝を禁じているので、神殿内には何もないのですが、東の角の外壁に黒い石がはめ込まれています。これが「カーバの石」です。

イスラム教徒のメッカ巡礼の際には、カーバ神殿の周りを巡り、この石にふれると幸運があると信じられています。

カーバ宮殿はもともと多神教の神々を祭る神殿だったようで、最高神が月の神でした。このカーバの石は、最初にアブラハムがこの神殿を建設した時からあり、「天使が運んできた石」とされています。アブラハムの時は一神教だったのが、いつの間にか多神教になったようです。ムハンマド（マホメット）は、多神教であったこの神殿内のすべての偶像を破壊したのですが、月の神の御神体であったこの黒い石だけは残したということです。

この石は、黒曜石（地球上の産物でガラス状の黒い石）ともテクタイト（第3章「15　テクタイトとは?」を参照）ともいわれていますが、隕石という説もあります。隕石なら空から飛んできたはずですから「天使が運んできた石」という言い伝えにも合致します。しかし、聖なる石なので、誰も調べたことがありません。

3　隕石の種類と命名法

隕石には大きく分けて三つの種類があります。地球の石と変わらないような隕石もありますが、このような隕石を「石質隕石」と呼びます。また、岩石と鉄金属の塊が混ざったものが、「石鉄隕石」です。「鉄隕石」（「隕鉄」とも呼びます）は名前のとおり鉄の塊ですが、ニッケルも数％含まれています。

岩石と鉄は比重が倍ほど違います。この二つのものを均等に混ぜあわせることは、無重力下でないとできません。石鉄隕石の存在が、隕石が宇宙の無重力下でできたという証拠になっています。

地球の岩石のような石質隕石の中には、「コンドリュール」という直径1㎜ほど（時には数㎜）の球状の鉱物粒子が入っているもの（これを「コン

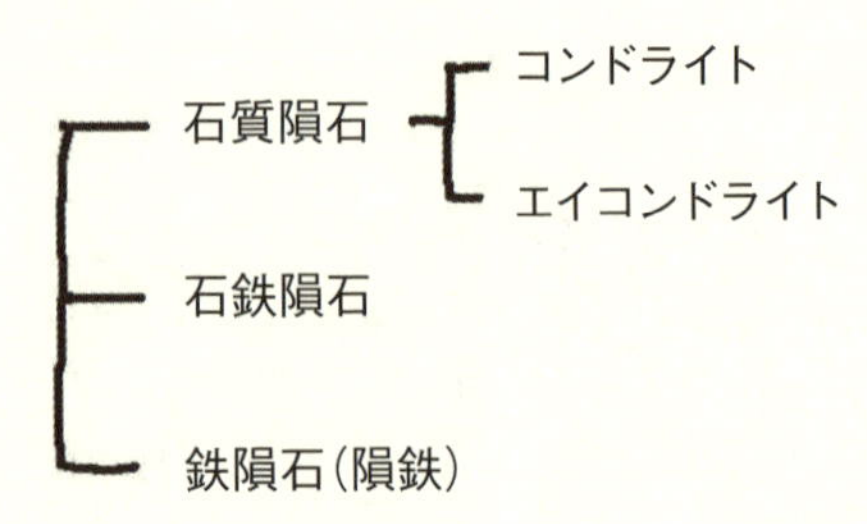

隕石の分類

ドライト」といいます）と、入っていないもの（これを「エイコンドライド」といいます。「エイ」というのは否定の意味です）があります。地球の石にはコンドリュールのようなものはありませんから、コンドライトは地球の石とまだ少し違っています。しかし、エイコンドライトになると、岩石上の見かけからは地球の石とまったく区別がつきません。

これまで隕石だと知られていたものでは、鉄隕石の数が圧倒的です。というのは、地球上では、鉄は空気中ですぐに酸化してしまい、錆びずにずっと残っているのは珍しいからです（遺跡からは鉄剣などがぼろぼろに錆びて出土してきます）。ですから、鉄隕石の場合は、実際に落ちてくるところを見ていなくても、無垢の鉄なので隕石だと判定されやすいのです。石質隕石の場合は、誰も知らない場所に落ちれば、隕石だと簡単にはわからなくなります。

ところが、落下するところを実際に目撃された隕石で統計をとると、鉄隕石はむしろ少なく、石質隕石が圧倒的に多いのです。石質隕石が96％で、鉄隕石は3％しかありません。石鉄隕石は、さらに少なくなります。また、石質隕石の内では、コンドライトが約90％を占めます。

ちなみに、先のアエンデ隕石、マーチソン隕石、直方隕石はすべて石質隕石で、コンドライトです。コンドライトは、鉄の酸化状態あるいは化学成分の違いにより、いくつかの種類に分かれます。

隕石は落ちたところの名前をつけることになっています。どこまでの名前をつけるかということですが、大体は市町村の名前です。ですから、神戸に落ちたのは、「神戸隕石」、アエンデ村に落ちたのは、「アエンデ隕石」ということになり、国際隕石学会が正式に認定します。

実は、近年になっておびただしい数の隕石が南極大陸から見つかりました。約5万個も回収されたのです。これは、1969年に日本の南極観測隊が初めて大量の隕石を発見したことがきっかけになったものです。1984年までに南極以外で見つかっている隕石の数は、世界で約2500個だったのですから、5万個というのはすごい数だということがわかります。この南極隕石については南極の地域名とその年での通し番号がつけられています。

南極隕石は、面白いことにある地域の氷の上にちょこんと乗っているのです。白い氷の上に黒い隕石が乗っているのですから、発見もしやすいというものです。しかも同じ場所でたくさん見つかることが多いようです。南極に落下した隕石は、氷河によって吹き溜まりのようなある場所に運ばれてきます。そこで氷は蒸発していきますが、隕石だけは表面に残るわけです。隕石は地球上にまんべんなく落ちているのですが、南極ではこのように、ある場所に隕石を集めてくる機構が働いていて、見つけやすくなっているのです。

南極の隕石探査は、そう気楽に行けるものではないのです。隕石のある場所は、内陸の山脈近くにある裸氷域なのです。隕石探査のためには、何カ月もかけて雪上車に乗って氷原を走破し、裸氷域に行って調査することになります。途中は、マイナス30℃の極寒と、底もわからないクレバスが待ち受けています。1989年には、日本の調査隊の雪上車がクレバスに転落しました。30mも落ちて、横倒しでひっかかったそうですが、幸いにも全員が生還しました。クレバスの中から撮った空の写真を見せてもらいましたが、白い氷河の壁の向こうに青空がありました。日本が保有する大量の南極隕石は、このような苦労の末集められたものです。

残念ながら、私は南極に行く機会を持ちませんでしたが、行ったことのある外国人の友達は、自分で隕石を採集したことが、とてもうれしそうでした。まあ、研究者の隕石ハンティングも子供のどんぐり拾いも似たような感覚なのかもしれません。

同じように砂漠からもたくさんの隕石が発見されることになりました。砂の上に真っ黒な石が乗っていて、こちらも発見しやすいからです。砂漠の隕石についても砂漠の地域名とそこでの通し番号がつけられています。

その砂漠での隕石採集に参加しないかという誘いを受けたことがありますが、残念ながらそれにも参加できませんでした。砂漠の端で1カ月ほどキャンプをし、毎日ヘリコプターで砂漠の上を飛び、隕石を探すという生活のようです。大変過酷な生活のようでしたが、専任のコックも雇うようで、楽しそうでもありました。

4　隕石の見分け方

世の中には、隕石に大変興味を持っているマニアのような人がいます。隕石が落ちたとなると、たくさんの人が現地に探しにきます。それは、隕石は空中で分解して複数個になって落ちてくることが多いからです。さまざまな石を隕石ではないかと持ち帰り、博物館などに持ち込んで、鑑定を依頼されるようです。博物館に勤めている私の友人は、ある時、乾燥した牛の糞まで持ち込まれたと言って苦笑いしていました。

隕石かどうかを判定する簡単な方法は、二つの特徴にあります。

まず、一番目は、石の表面に黒い溶けた跡のようなものができているかどうかです。隕石が大気に突入すると、大気との摩擦で隕石の表面が溶け、その溶けた部分は剥されながら落ちていきます。隕石表面は高温で溶けていますが、隕石内部までは温度は伝わりません。

地表に落ちて、この表面の溶けた部分が固まって黒い皮のようになるのですが、これを「フュージョンクラスト」と呼んでいます。これがあるかないかで、隕石かどうかを簡単に判断できる材料になります。

二番目は、磁石にくっつくかどうかです。地球では鉄が下に沈んでコアをつくっているので、地球の岩石では相対的に鉄が少なくなっています。地球の火成岩の鉄の含有量はだいたい10％以下なのですが、隕石は石質隕石でも20～30％もあります。ですから、地球の岩石は磁石にはつきませんが、鉄隕石はもちろんのこと、岩石のような隕石でも、ちょっと強い磁石ならくっつきます。

この二つの特徴があって、初めて隕石かな？　ということになります。もっとも、隕石の磁気の研究をしている人もいるので、むやみに磁石は近づけないで欲しいという研究者もいます。

ともかくも、それで隕石らしいということになれば、今度は元素の同位体比を測定します。もし隕石なら、先に述べた宇宙線による原子核の破砕反応が宇宙空間で起こっているので、同位体比が通常の太陽系の平均値からずれることになります。この同位体比の異常があれば、間違いなく隕石ということになります。

同位体比の測定は大学の研究室などでしかできませんが、その石にフュージョンクラストがあり、磁気があるなら、隕石である可能性がかなり高いので、多分大学の研究室は喜んでやってくれることでしょう。

さて、大学で隕石研究をしていた頃には、一般の人から隕石かどうかを尋ねる電話などが時々かかってきました。

ある時の電話では、何十年か前に夜に物干し台で大きな音がして、朝見ると物干し台に石が転がっていて、それからずっとその石が隕石ではないかと思っているということでした。電話口でその石の特徴を聞くと、明らかに隕石ではないようでしたが、念のため実際の石を見た方が良いと思い、少しかけらを送っていただくことにしました。

しばらくして、手紙に石のかけらが同封されてきましたが、やはり地球の岩石でした。どうも誰かが夜にその方の物干し台に石を投げて、その石が物干し台に落ちたというのが一番有り得ることです。隕石が我が家に落ちてきたのではという、その方の長年の夢を壊してしまいました。

恐竜が滅んだ時は、後で述べるようにユカタン半島先に隕石が落下したことがわかっています。ユカタン半島のあるメキシコに旅行した人から、

「『これは恐竜が滅んだ時に落下した隕石だから、お土産に買いませんか？』と言われて買ってきたのですが、本当に隕石でしょうか？」

という相談もありました。

「『その証拠に、この石でつくった水がめに水をいれておくと水が腐らない』とも言われたのですが？」

ということでした。

実はユカタン半島先には、隕石落下の時のクレーターだけが見つかっていて、落下した隕石そのものは見つかっていないのです。その隕石のかけらとしては、１９９８年に北太平洋の堆積物中に大変小さな破片（２・５㎜ほど）が見つかっているだけです。とても水がめなどつくれる大きさではありません。

また、隕石でつくった水がめでは水が腐らないということもありません。隕石にはそういった作用はないのです。その話をすると、その依頼者の方もがっかりされていました。

5　隕石はどこからやってくるのか？

19世紀の初め、「どうも隕石は空から落ちてくるらしい」とアメリカの科学者達が大統領に報告したところ、時の大統領トマス・ジェファーソンは、「空から石が落ちてくるということを信じるよりも、二人の科学者達が嘘をついていると考える方がもっともらしい」と、答えたそうです。

今では、隕石が空から落ちてくることを疑う人は誰もいません。

隕石はいくつか実際に落ちるところを観測したものがあります。その観測に基づいて隕石の落ちてきた軌道を調べると、その軌道が小惑星帯を通っていることがわかりました。小惑星帯とは、前にも述べましたが、火星と木星の間にあって小さな惑星群が回っているところです。

小惑星帯のなかで小惑星同士の衝突が起こって、その軌道が変わり、地球の軌道の内側まで入り込んでくるものがあります。そういう小惑星を特別に「アポロ・アモール型小惑星」と呼んでいます。これは代表的な小惑星の名前からとった名前です。このアポロ・アモール型小惑星の中で、たまたま地球軌道に遭遇して地球に落下してきたものが隕石であると考えられています。

このように、隕石は小惑星帯からくるのですが、46億年前に太陽系ができたままの姿を残していると思われる隕石があります。「始源的隕石」とか「未分化隕石」といいますが、先のコンドライトがこれに相当します。これに対し、エイコンドライトや石鉄隕石、鉄隕石は、「分化隕石」と呼ばれます。なんらかの熱作用があり、ある種の元素が集まる機構（これを元素の「分化作用」といいます。たとえば、鉄隕石では鉄だけが集積）が働いたものと思われます。

地球などの大きな惑星では、誕生後の大規模な火山活動などで、太陽系ができた当時の姿がかき消されてしまっています。しかし、始源的隕石を使えば、地球を含めた太陽系形成初期の様子を研究することができます。

隕石は年代測定をすると、だいたい46億年なのですが、ある種類の隕石（エイコンドライトの仲間で、頭文字をとって「ＳＮＣ（スニック）隕石」といわれる種類）で、非常に若い13億年しかない年代のものがみつかりました。しかも重力下の高圧で岩石が溶けたような跡があるのです。このことは、この隕石のあった天体が非常に大きくて13億年前まで火山活動をしていたことを意味しています。

小惑星帯には、このような大きな天体はなく、考えられるのは金星と火星しかありません。金星には濃い大気があるので金星から岩石が飛び出してくることは考えられません。そうすると、この隕石の起源は火星しかないのです。しかし、このことは大論争を巻き起こしました。まず、火星から隕石が飛び出すには、火星の脱出速度である秒速約５㎞を越える速度が必要なのですが、果して隕石の衝突によって火星の岩石がそのような速度で飛び出すことが可能だろうかということです。火星に斜めから隕石が衝突すれば、起こりうるという計算はあったのですが、半信半疑でした。

その後、１９８３年にスイスのグループによりＳＮＣ隕石の希ガス（ヘリウム、ネオン、アルゴン、クリプトン、キセノン）などの分析が行われました。希ガスは元素の周期律表で一番右にある元素ですが、化学的に大変安定です。ですから、希ガスは化合物をつくるような化学反応なしに、その時の温度圧力などの物理的な条件だけで、直接隕石へ取り込まれることになります。そのた

希ガスの種類と同位体（質量数の異なるもの）

元素	質量数
ヘリウム（He）	3、4
ネオン（Ne）	20、21、22
アルゴン（Ar）	36、38、40
クリプトン（Kr）	78、80、82、83、84、86
キセノン（Xe）	124、126、128、129、130、131、132、134、136

め、複雑な化学反応を考慮する必要がありません。希ガスの存在量や同位体比の変動から太陽系内で起こったさまざまな事件の物理条件が推察できるというわけです。大阪大学の私の研究室でも、この希ガスの同位体比測定から太陽系や地球の歴史を探る研究を行っていました。

ＳＮＣ隕石の希ガスの同位体比は、バイキング探査機で調べられた火星大気のものとそっくり同じだったのです。このことは、ＳＮＣ隕石が火星からきたことを強く証拠立てるものでした。隕石の衝突により、火星の石は一部溶けて火星大気を取り込んで、はじきだされ、地球に落ちてきたことを示しています。今では、ＳＮＣ隕石が火星からきたことには疑問の余地がありません。これらの隕石は「火星起源の隕石」とよばれます。

ＳＮＣ隕石の一つであるナクラ隕石は、１９１１年にエジプトに落下し、犬に当たって、その犬が死んだといわれています。そのような事件も大変珍しいことです。

さて、隕石の衝突で火星から石が飛んでくるぐらいなら、地球にずっと近い月から月の石が飛んできてもおかしくないというのが、多くの研究者達の意見でした。月の方が火星よりも小さいし、大気もないので、隕石の衝突の際、月の石がはじき飛ばされ、地球に落ちてくることがあってもいいはずです。また、天体が小さいと、小さな速度ではじかれた石が宇宙に飛び出すことが可能です。

1981年に南極で採集された隕石であるＡＬＨ81005を見たアメリカのメイソン博士は、この隕石がアポロ宇宙船の持ち帰っていた月の石と同じであることに気づきました。その後、化学成分や酸素の同位体比などから、ＡＬＨ81005は間違いなく、月の石と同じであることがわかりました。このような月起源の隕石は南極や砂漠で、現在200個近くも見つかっています。本当に「棚からぼたもち」ではありませんが、高い費用をかけてアポロで持ち帰った月の石は、黙っていても月から落ちてきていたのです。

このように、大部分の隕石は小惑星帯から飛んでくるのですが、火星や月から飛んでくる隕石もあるのです。

小惑星の名前

小惑星には、発見者が名前を推薦できることになっています。小惑星の仮符号がふられ、軌道などがはっきりした段階で通し番号である小惑星番号がふられます。

現在、地球に衝突するかもしれない小惑星を探すため、リンカーン地球近傍小惑星探査（ＬＩＮＥＡＲ）というプロジェクトが、アメリカ空軍、ＮＡＳＡ、マサチューセット工科大学のリンカーン研究所によって行われています。これにより、近年大量の小惑星が見つかり、２０１４年1月で小惑星番号のつけられた小惑星は約40万個になっています。そして、そのほとんどが番号だけで、名前のついていない状態になっています。

小惑星にはさまざまな名前がつけられています。はやぶさの探査したラッコの形をした小惑星「イトカワ」は有名ですが、これは糸川博士の名前をとったものです。小惑星２５１４３です。

「マツダ」という星もありますが、これは、私の名前です。小惑星９２２９で、１９９６年2月20日に発見されました。発見者である円館金さんと渡辺和郎さんが、光栄にも私の名前をつけて下さったものです。立派な額もつくって下さったので、大学の研究室に飾っていました。円館さんと渡辺さんは北海道のアマチュア天文家で、数百個の小惑星を発見されている小惑星ハンターです。

小惑星の名前には、他にも面白いものがあります。小惑星２８３５は「リョウマ」ですが、１９８２年に高知県で発見された小惑星で、もちろんあの坂本竜馬からとられたものです。人の名前ではありませんが、「仮面ライダー」（小惑星１２７９６）や「トトロ」（小惑星１０１６０）という名の小惑星もあります。

小惑星６５６２は１９９１年11月9日に北海道で発見され、「タコヤキ」と名づけられました。大阪名物のあの「たこ焼き」からです。これは２００１年9月15日に大阪で「宇宙ふれあい塾２００１」というものが開かれ、公募された名前から、子供たちの拍手の大きさで選んで、名前を「タコヤキ」と決めたよ

さまざまな小惑星

うです。国際天文学連合に正式に登録されています。二人の発見者の内の一人はやはり渡辺さんです。

関西にちなんだ名前の小惑星というと「阪神タイガース」（小惑星29328）というのもあります。発見者の一人が、熱烈な阪神ファンでつけられたようです。「巨人の星」があるので「阪神の星」が欲しかったとか。

タイガースファンは「阪神の星」を見上げて、六甲おろしを歌うのが夢だと思うかもしれません。しかし、残念なことに、「阪神タイガース」は絶対等級14・3で、肉眼では見えません。

☆★☆★☆★☆★

6　隕石中の元素の特徴

アポロ宇宙船が月の石を持ち帰るまでは、隕石は唯一の地球外物質でした。よく「隕石の中には地球にはない元素があるのですか？」という質問を受けることがありますが、もちろん、そんな元素はありません。他の星に行っても同じでしょう。ただ、地球上で見つかっている元素があるだけです。学校で習う「元素の周期表」にある元素です。しかし、それらの元素がどういう割合で分布しているのかは、それぞれの天体により異なっています。

太陽の主成分は前にも書いたように水素とヘリウムなのですが、もっと重い元素も微量ですが存在します。地球を含む岩石の惑星は、むしろこのような重い元素が中心です。岩石の惑星は、シリコン、鉄、マグネシウム、酸素が4大元素になっています。これは、隕石についても同様です。

隕石を使って太陽系の歴史を研究する際には、まず、太陽系の中に全体として元素がどのように分布しているかを知らなければなりません。そして、この太陽系全体の元素分布と比較して、太陽系内の各天体の元素分布が異なっている時、その違いを生じた原因を知ることから、太陽系内で起こった現象を探ろうというわけです。

太陽は銀河系の中では、平均的な恒星ですから、この太陽系内の元素分布は、他の恒星の元素分布と比較する時にも使えます。

このような太陽系内全体の元素の存在度は、「元素の宇宙存在度」とも「元素の太陽系内存在度」ともいわれます。１９３８年の昔から何回も改訂されてきました。現在は１９８９年の「アンダースとグレベッセの表」が使われています。

これは、太陽のスペクトルからのデータだけでなく、実は、隕石のデータも合わせて推測されたものです。

始源的であるコンドライトの中でも、最も始源的であるというグループに「炭

袋が膨らんできた！
どうしよう！
マーチソン隕石

オーストラリアからの飛行機の中で

素質コンドライト」といわれるものがあります。先のアエンデ隕石やマーチソン隕石はこの炭素質コンドライトなのです。名前のとおり、炭素があり、水も含んでいます。有機物の入っているものもあります。マーチソン隕石を回収したシカゴの自然史博物館の研究者は、マーチソン隕石を入れたビニール袋が飛行機の中で膨れ上がったので、困ったということでした。隕石中の水などが、水蒸気になって出てきたようです。

さて、この炭素質コンドライトの中でも、また特に始源的といわれる水や炭素の一番多い隕石中の元素の相対存在量を調べると、水素やヘリウムなどガスの元素を除いて、光のスペクトルから決めた太陽の元素の存在度ときれいに一致するのです。それは、８桁も存在量が異なる元素についても同じでした。

このことから、この炭素質コンドライトというのは、太陽系ができた時のまま、宇宙空間を漂っていたことがわかります。アンダースとグレベッセの表は、太陽スペクトルとこの隕石の二つの元素量の値を参考にして、太陽系内の元素の存在度を決めたものなのです。

太陽系は昔高温で、すべての物質がガスになって、同位体比も太陽系内で一定になるほどよくかきまぜられたという話を前に書きました。

この高温のガス状態から、太陽系がだんだんと冷えるにしたがって、各元素が化合物などをつくりながら次々と析出（固体となること）してきました。どのような物質が何度の温度で析出してくるかは、太陽系内の元素存在度と熱力学の式を使えば解くことができます。そして、原始太陽系星雲内で温度が下がるにつれて、どのような物質が何度で析出してくるかの一覧表もできています。

これを使えば、温度が何度ぐらいまでに冷えた物質だけが集まれば、どういう種類の隕石ができるのかも推定することができます。実際、ある始源的な隕石の中に、大変高温で析出してきた鉱物（アルミニウムやカルシウムに富んだ酸化物のようなもの）ばかりが集まっているような物質が白い不規則な塊として存在していることなどが見つかっています。高温で析出した鉱物だけが一度集まるような機構が原始太陽系星雲の中にあったのです。

また、隕石の中の元素の存在度と比較して、地球の岩石は、前に述べた鉄や白金族などの元素が少なくなっています。これは、地球中心にコアができた時、鉄と一緒に白金族の元素がそのコアに入って地球中心に集まったためで、地球表面の岩石ではこれらの元素が欠乏しているのです。このように、元素存在量の比較から、太陽系内で起こったさまざまな現象を推察することができます。

7　鉄隕石について

鉄隕石は、鉄とニッケルが主成分でほぼ純粋の金属です。

実は鉄鉱石を精錬して鉄を取り出す技術は大変難しいそうです。人類で初めて鉄器を使ったのはヒッタイトですが、最初は鉄隕石を使ったのではないかとも考えられています。ヒッタイトの文明はトルコのアンカラにある博物館に展示されていますが、いつどのようにして現れたのか不明な点が多いようです。

日本では、榎本武揚が鉄隕石から刀をつくらせ、「流星刀」と名づけて、大正天皇（当時は皇太子）にも献上したという話があります。また、世界各地で隕石から短剣やナイフをつくったという話もあります。現在でも鉄隕石からナイフなどをつくって販売されています。

　世界には、あまりにも大きくて運ぶことができず、落ちた場所にそのまま置いてある鉄隕石もあります。ナミビアの砂漠にある「ホバ隕石」で、重さは約60トンもあります。もともとはもっと重量があったようですが、サンプルに取られたりして、この重さになったようです。世界で一番重い隕石とされています。

　インドのニューデリーの南に、クトゥブ・ミナールという寺院があります。ミナレットがあるのでイスラム教のお寺なのですが、もとはヒンズー教かジャイナ教のお寺だったようで、石材にそのなごりがあります。この寺院に5世紀頃に立てられたという鉄柱があります。これは、1500年間錆びないで立っています。高さは7mほどもあります。昔は、この前に立って手を後ろに回して両手をつかむことができれば、望みがかなうといわれたそうです。しかし、私が訪れた時には、鉄柱が倒れると危ないということで周りに柵が立ててありました。この鉄柱は一説によれば、鉄隕石ではないかといわれているのです。

というのは、鉄隕石はステンレス（鉄、ニッケルにクロムが入っています）の成分に似ていて、錆びにくいものもあるのです。

鉄は純鉄になると錆びにくいらしいのですが、99・999％ぐらいまでの純鉄にしないとだめらしく、昔にそれほどの精錬技術があったのかということも問題です。

鉄隕石の起源は、なんらかのメカニズムが働いて、鉄やニッケルだけが集まったからだと考えられます。その意味では、太陽系本来の起源や歴史を研究するのには向いていないのですが、その鉄が集まったメカニズムは、それはそれで面白いものです。

多くの研究者は、鉄隕石の母天体（隕石があった元の天体）は、ある小惑星が溶けて地球のコアのように重い鉄が中心に沈んでできたもので、それがなんらかの形で分離したもの

クトゥブ・ミナールにある鉄柱

だと考えています。その鉄隕石の母天体の大きさを隕石に含まれるニッケル量の分布から推定することができます。それは以下のように行います。

鉄隕石にはその表面を磨いて酸で腐食させると、きれいな模様が出てくるものがあります。これは、「ウィドマンシュテッテン構造」といわれるもので、ニッケルの含有量の大きく違う二つの相（カマサイトとテーナイト）が互層になって析出していることによるものです。カマサイトはニッケル量が４～７％でテーナイトは６～16％です。

このウィドマンシュテッテン構造のカマサイトとテーナイトの境界のニッケル量の分布は、鉄隕石の冷却速度に関係します。温度が冷えるにつれ、最初全体がテーナイト相であったものから、カマサイト相が析出します。温度が冷えるにしたがい、カマサイト相の割合が増え、テーナイト相が減少します。ところがカマサイトのニッケル量は４～７％と変わらないので、全体のニッケル量を一定にするためには、鉄の含有量の低いカマサイトから鉄の含有量の高いテーナイトにニッケルの移動が起こります。

鉄内のニッケルの移動速度は温度に関係します。温度が高ければニッケルは隕石全体中を速く動くことができますが、温度が低くなるとニッケルの動きは遅くなりテーナイトとカマサイトの境界付近の近距離間でしかニッケルの移動が起こらなくなります。そのため、ニッケル量をグラフで表すとテーナイトの両側だけが耳のようにニッケル量が高くなり、テーナイト内のニッケル量の分布はM字型のようになります。そして、カマサイトの両側ではニッケル量が低くなります。

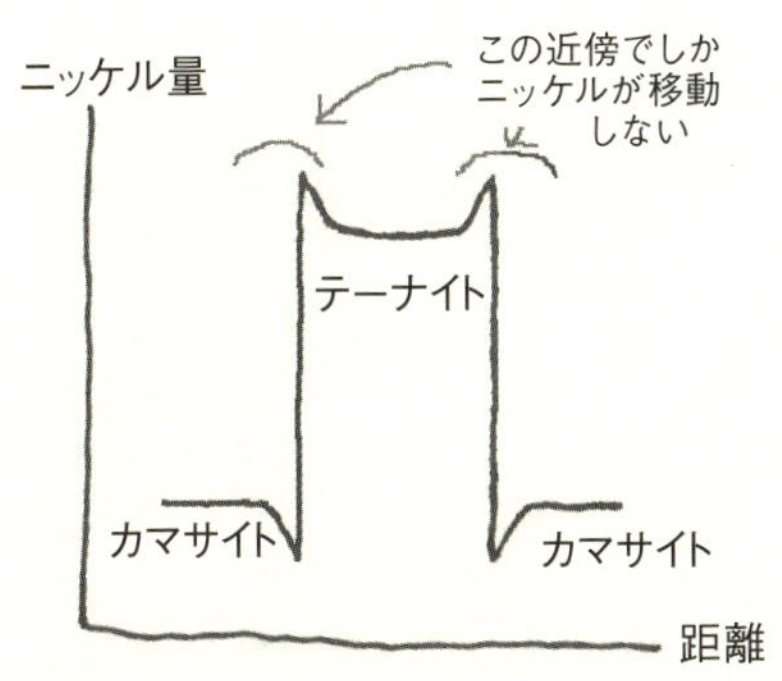

急激に冷却した時の鉄隕石のニッケル量

そこで、鉄隕石がどのような速度で冷却していった時にどのようなM字型のニッケル量の存在量パターンになるのかを数値シミュレーションして、実際の隕石中のニッケル量のパターンと比較すれば、その一致するパターンから鉄隕石の冷却速度がわかることになります。そして、その鉄隕石の冷却温度は鉄隕石がもともとあった母天体の大きさに関係しています。なぜなら、大きい母天体ほど冷えにくく、小さい母天体ほど熱が逃げやすいので速い冷却速度になるからです。これも鉄の球の熱伝導（熱の伝わり方）の方程式を解けば、球の冷却速度と大きさの関係を正確に求めることができます。

この研究によれば、鉄隕石の冷却速度は、１００万年の間に1から２５０℃下がったということになります。この場合は、半径が数十から約３００㎞のサイズの母天体ということになりました。実際このようなサイズの天体が小惑星にあります。

ただ、鉄隕石の中には、完全に溶けたわけではないような鉄隕石もあります。このことから、鉄隕石の母天体は小惑星が溶けてできたのではないと考える研究者も少数います。私もそういった意見の持ち主です。鉄は冷えると磁気をおびるので、原始太陽系の中で、磁石のように鉄だけ選択的に集まることも可能です。その他、鉄隕石全体が溶けたとすると説明できないこともたくさんあるのです。鉄隕石の中には、炭素や鉄の硫化物、リン化物の塊など（「包有物」といいます）が見つかることがあります。こういったものを使って、鉄隕石の始源的性質を探ろうという研究がなされています。

8　隕石の衝突と生物の絶滅

恐竜が滅んだのは巨大隕石の落下によるものだというのは、今ではよく知られていることです。今から6600万年前のことです。

地球の年代は、それぞれの地層に特徴的な化石から年代が区分されていて、これを「地質年代」といいます。生物が出現した5億4000万年以降は、大きく分けて古生代、中生代、新生代となり、そのなかに「紀」のつく区分があります。恐竜が滅んだのは、中生代の最後の白亜紀から新生代の最初の古第三紀に移った時で、この地質年代の

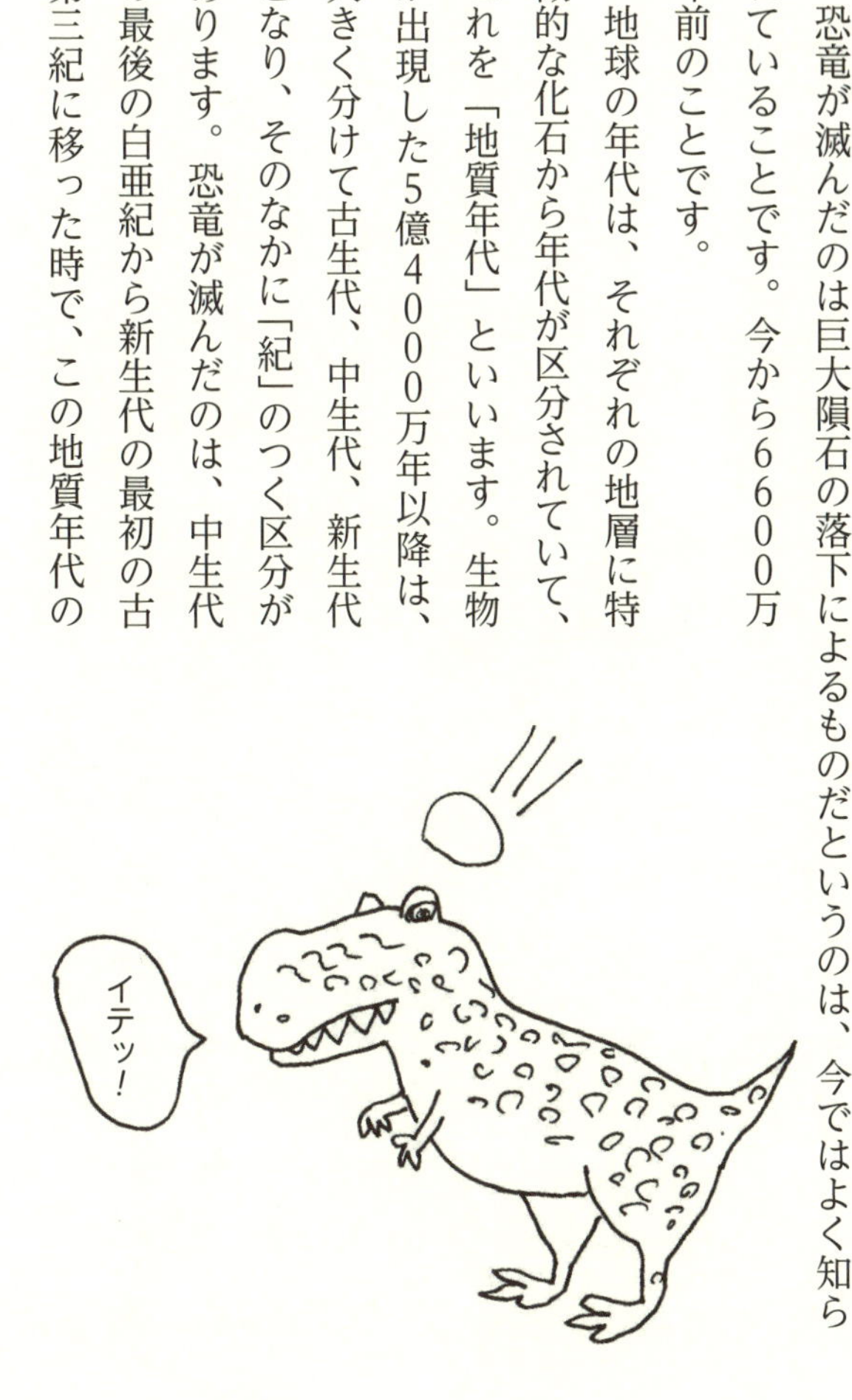

境界を「Ｋ－Ｔ境界」と呼びます。

イタリアのローマの北方にグッピオという町があり、そこに有名なＫ－Ｔ境界の地層があります。厚さ１㎝ほどの真っ黒な粘土層です。有名な地層で、多くの研究者がきてほじくって持ち帰っていくので、大きく凹んでいます。

１９８０年、アルバレーツ親子がこの地層の微量成分を調べた結果を報告しました。アルバレーツ親子のお父さんは素粒子物理学の研究でノーベル賞を受賞した物理学者で、息子は地質学者です。この地層には、地球の岩石に比べてイリジウムという金属が高濃度で入っていたのです。イリジウムは白金族の元素です。前に述べたように、地球では白金族の元素は鉄と一緒にコアの方に入ってしまい、地球表面の岩石では少なくなっていますが、隕石にはたくさん含まれています。ですから、Ｋ－Ｔ境界の地層でイリジウムが高いということは、隕石物質の混入を示しているのです。この層は隕石が衝突して大気中に舞い上がったものが積もってできたと考えられるのです。落ちてきた隕石の直径は、10㎞前後だと推定されました。

このような大きさの隕石が秒速10㎞ほどの速度で落ちてくるのですから、莫大な衝突エネルギーになります。大気中に舞い上がった塵で太陽光線はさえぎられ、気温が低下します。気温は氷点下まで下がり、動植物に大きな影響を与えたことでしょう。これは「核の冬」と呼ばれる現象で、核戦争が起これば、同じような機構で気候が下がるだろうといわれています。また、300mもの高さの津波が生じたことが数値シミュレーションから示されています。確かに、恐竜の絶滅した6600万年前は、恐竜だけでなくその他の種も大部分が絶滅しているので、地球的な規模の大変動があったことはまちがいありません。

アルバレーツ達がこの説を提出した時、どこにこの隕石が落下したのかはまだ特定できていませんでした。

この隕石の落下によるクレーターは、ユカタン半島の先にあるものだとわかったのは、1991年のことでした。直径約200㎞のクレーターの存在は、磁気測量や重力測定などからわかっていたのですが、K‐T境界と関係があるとは考えられていなかったのです。この衝突でできた地層中のガラス物質の年代がちょうど同じ年代になることなどから、このクレーターは間違いなくK‐T境界で生じたものだと思われます。

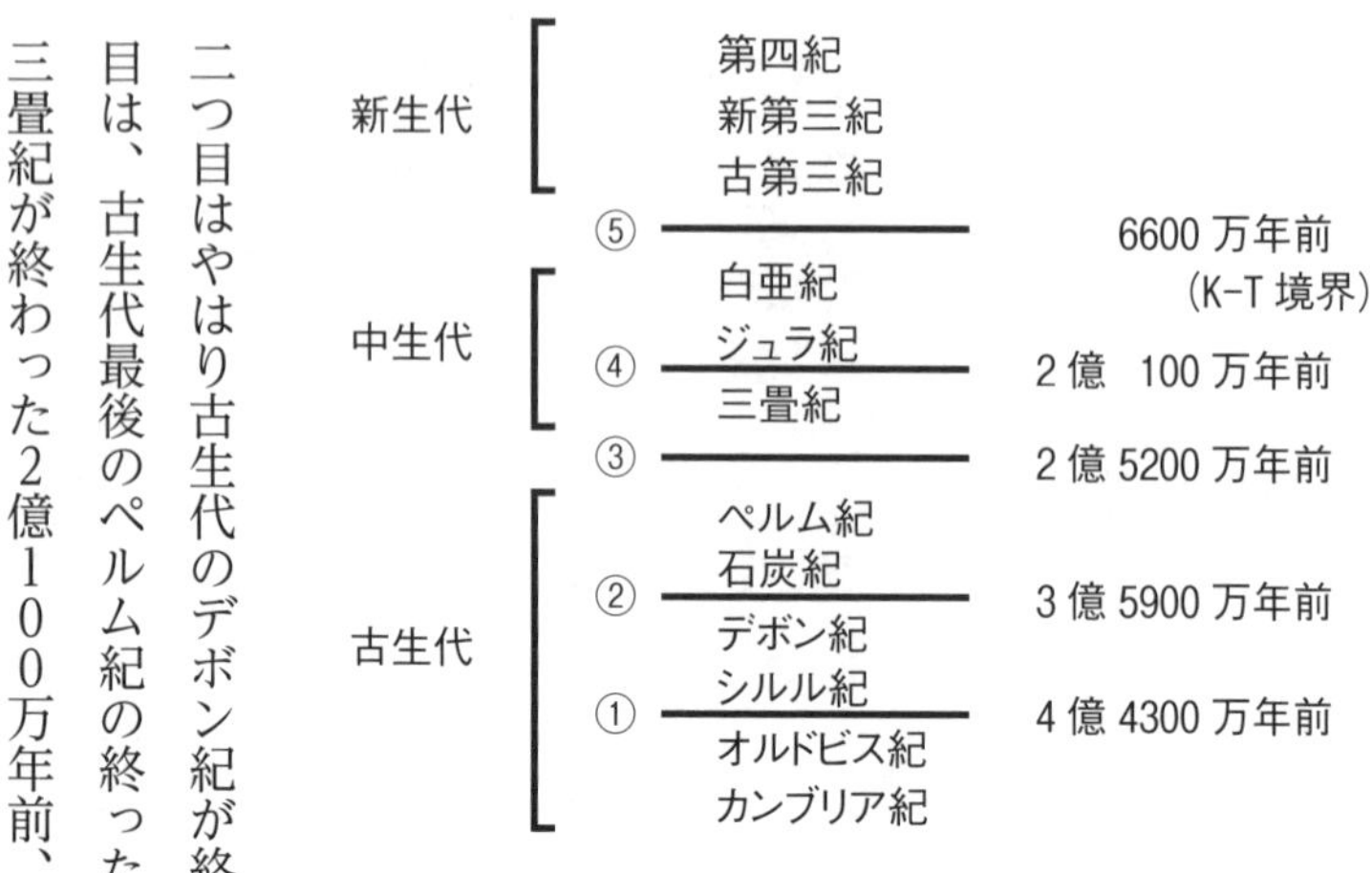

地質年代と五つの生物大量絶滅事件の発生時期

　実はこのような、生物の大量絶滅はＫ－Ｔ境界の時だけではありません。地質年代というものが決められるということは、その境目に生物の種類が大きく変わったということです。ですから、その境目にはいつも生物の大量絶滅があったと考えられます。

　このような生物の大量絶滅では、五つの大事件が知られています。一つ目は古生代のオルドビス紀が終わった時で４億４３００万年前、二つ目はやはり古生代のデボン紀が終わった時で、３億５９００万年前、三つ目は、古生代最後のペルム紀の終わった２億５２００万年前、四つ目は中生代の三畳紀が終わった２億１００万年前、そして五つ目が恐竜の滅んだ６６００万年前です。この中でも特に三つ目の古生代末の大量絶滅は、非常に大きな規模で、種の90%以上が絶滅したと考えられています。

いずれの大量絶滅も隕石など天体の衝突が原因だろうと思うかもしれません。ところが、不思議なことにイリジウムなど白金族元素の濃縮がK-T境界以外の境界の地層には見られないのです。ですから、隕石の衝突による大量絶滅は現在のところ、K-T境界だけだと考えられています。他の絶滅は、太陽系近くで超新星爆発が起こり大量の放射線が降りそそいだとか、大規模な火山活動による気候変動など、別の原因が考えられています。

恐竜は2億3000万年ぐらい前から6600万年前まで、実に約1億6000万年も地球上を支配していました。人類が現れたのは600~700万年前といわれていますから、恐竜がいかに長い間繁栄を誇っていたかがわかります。今繁栄している人類もいつか大量絶滅するような事件を経験するかもしれません。

9　クレーターの科学

「クレーター」というのは、周りを丘に囲まれ内側が凹んだ円形の地形で、底の浅いお椀のような形の地形全般に使う言葉です。「衝突クレーター」というのは、隕石が惑星表面にぶつかってできたこのような凹んだ地形のことです。

地球には火山があって、火山の噴火口も似たような地形です。ですから、火山活動のある天体の場合には、隕石の衝突による衝突クレーターなのか火山のクレーターなのか、判断が難しい時もあります。月表面のクレーターについても、これが、隕石の衝突によるものか、火山活動によるものなのかについて、長い間（約300年）論争があったほどです。

地球上にはいくつかの衝突クレーターがあります（2015年現在で188個）。その分布を見ると、北米、オーストラリア、ヨーロッパに多いのです。それは、これら古い大陸には火山活動がないので、衝突クレーターだと判断しやすいからです。また、衝突クレーターがあっても、後からの火山活動でその地形が崩されてわからなくなってしまうこともあります。火山活動の盛んな日本には衝突クレーターがないのはそのためです。

アメリカのアリゾナにある「メテオールクレーター」（別名「バリンジャー隕石孔」）は大変有名です。これは、直径が約1・2㎞のクレーターで、内側の深さは約170ｍあります。綺麗なお椀型で、大変よくその形が残っているのは、このクレーターができたのが、約5万年前と若いからです。

このクレーターは鉄隕石の衝突によるものなのです。今でも、その周りで磁石を紐につけて歩くと、鉄のかけらがくっついてくるといわれています。この鉄隕石は「キャニオン・ディアブロ」とよばれ、30トン以上もあったようです。

1900年代の初めに、バリンジャーという

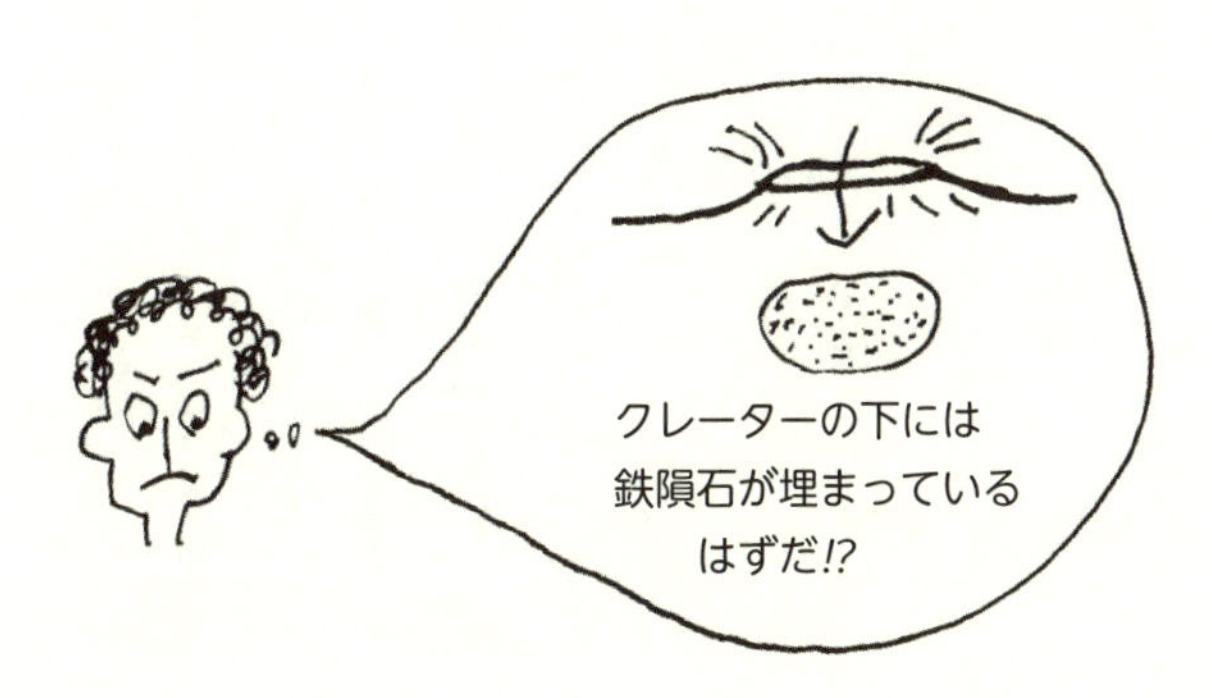
クレーターの下には
鉄隕石が埋まっている
はずだ!?

人が面白いことを考えました。「この穴の下には大きな鉄の塊が埋まっているに違いない。それを掘り出して大もうけしよう」というわけです。ちょうど世界中で鉄の需要が高まった時でした。彼は何カ所かでボーリング調査をしたのですが、残念ながら鉄の塊は見つかりませんでした。秒速10㎞ぐらいの速度で地球に衝突した場合、大部分の鉄は蒸発してなくなってしまうのです。

彼の会社は大金をもうけることができませんでしたが、このおかげで隕石衝突時に地球の表面物質がどのように掘り起こされ、どのように堆積するのかという詳細な科学データを得ることができました。

メテオールクレーターがバリンジャー隕石孔と呼ばれるのは、彼の名前に由来しているのです。

隕石をどのようにして手に入れるのか？

「研究に使う隕石はどうして手に入れるのですか？」という質問をよく受けました。他の大学や博物館などと共同研究することが多いので、そこから提供されることがほとんどでした。私の場合は、アメリカのワシントン大学やシカゴの自然史博物館、オーストリアのウィーン大学やウィーンの自然史博物館などとの共同研究が多かったので、そこから提供してもらっていました。特に博物館は大量の隕石コレクションを持っていて、展示ばかりでなく、研究用としても使います。

ところが、共同研究者と同じ意見の場合は良いのですが、異なった意見を持っていると、実験データの解釈をめぐってさまざまな問題が生じる場合があります。議論がまとまらず、時には共同で論文にするのが難しくなるほどです。

そういうことを避けたい場合には、業者から購入します。隕石や岩石・鉱物などを専門的に扱っている業者も日本にあります。大体はそういう業者を利用しますが、別ルートで購入することもあります。

年に1、2回、世界中から岩石・鉱物の店が集まり、東京や大阪などで大きなミネラルショーが開かれます。隕石も売っていることがあるので、そのような機会に何度か購入したことがあります。

ある時、面白いことがありました。ミネラルショーに出展していたある店の前で隕石を眺めていると、隣にいた外国人の男性が、

「いやあ、隕石は宇宙を長く飛んでいただけあって、ヒーリング効果が高いですよね」

と話しかけてきたのです。初めは何のことかわからなかったのですが、

「宇宙の気を受けて、精神が統一できます。やっぱり隕石が最高です」

とニコニコ顔です。

どうも、占いなどを職業にしている人のようで、私も同業者に間違われたようです。私の研究室では、隕石をすりつぶしたり、酸で溶かしたりしているのですが、そんなことを話すと、罰が当たりそうです。

「いやあ、そうですよね。やはり宇宙を飛んでいた石は違いますよね」
と話を合わせておきました。

ミネラルショーに岩石や鉱物などを買いにくるのは、若い女性も結構多いです。これはストーンパワーを信じて、腕輪やネックレスなどをつくっている人です。占い関係の人、石マニアのようなオタク気味の人、趣味のアクセサリーづくりに石を必要としている人、そして大学人というわけで、ミネラルショーは不思議な雰囲気を醸し出しています。

昨今はインターネットでも隕石が売り出されています。「ニセモノではないでしょうか？」という質問も受けますが、おおかたは大丈夫なようです。

★☆★☆★☆★☆★☆★☆★☆★☆★☆★☆★☆★

10　隕石中のダイヤモンドとその起源

1886年、今のロシアがまだロシア革命以前で帝政ロシアだった時、ロシアのノボ・ユレイというところに一つの隕石が落ちました。2人のロシアの科学者がこの隕石を調べて、ダイヤモンドが含まれていることを1888年に発表しました。彼らは、隕石を酸で溶かし、灰色をした残留物の中にグラファイト（黒鉛）とダイヤモンドを見つけたのです。これが隕石中にダイヤモンドがあることが報告された最初です。

その後、この隕石と同じ種類の隕石が見つかり、それらは「ユレイライト」として分類されるようになりました（現在約400個）。ユレイライトは石質隕石であるエイコンドライトの一種です。このほとんどのユレイライトにダイヤモンドが含まれています。大きさは0・001から0・01㎜の大きさです。

一方、数多い鉄隕石の中のたった2個にダイヤモンドが含まれているという報告があります。一つは、南極から採集された小さい鉄隕石ALHA77283で、もう一つは、アメリカのアリゾナのバリンジャー隕石孔に落ちたキャニオン・ディアブロ鉄隕石です。これには、数㎜程度のダイヤモンドがあります。キャニオン・ディアブロにダイヤモンドが入っている断面は、オーストリアのウィーンにある自然史博物館に展示されています。ウィーン自然史博物館には、素晴らしい隕石のコレクションがあります。

ダイヤモンドが炭素からできているのがわかったのは18世紀です。質量保存の法則を発見した有名なラボアジエがダイヤモンドを燃焼させ、二酸化炭素（炭酸ガス）だけしか生じないことを示しました。

それ以来、ダイヤモンドを人工合成しようとする試みは、盛んになされました。しかし、なかなか成功しませんでした。先生があまりに熱中するので、弟子がみかねて天然ダイヤモンドをいれたという話まであります。別の研究でノーベル化学賞をもらった先生ですが、大変なハードワーカーだったに違いありません。先生の死後に弟子が告白しました。

1955年にジェネラルエレクトリック社が10万気圧の高圧で2000℃以上の高温を維持できる装置を開発して、初めてダイヤモンドの人工合成に成功しました。

さて、隕石中のダイヤモンドがどうしてできたのかについては、長い間論争がありました。

1950年代半ばに、ノーベル賞学者（重水素の発見で受賞）であるアメリカのユーレイは、隕石が大きな天体をつくっていた時、その母天体の深い場所

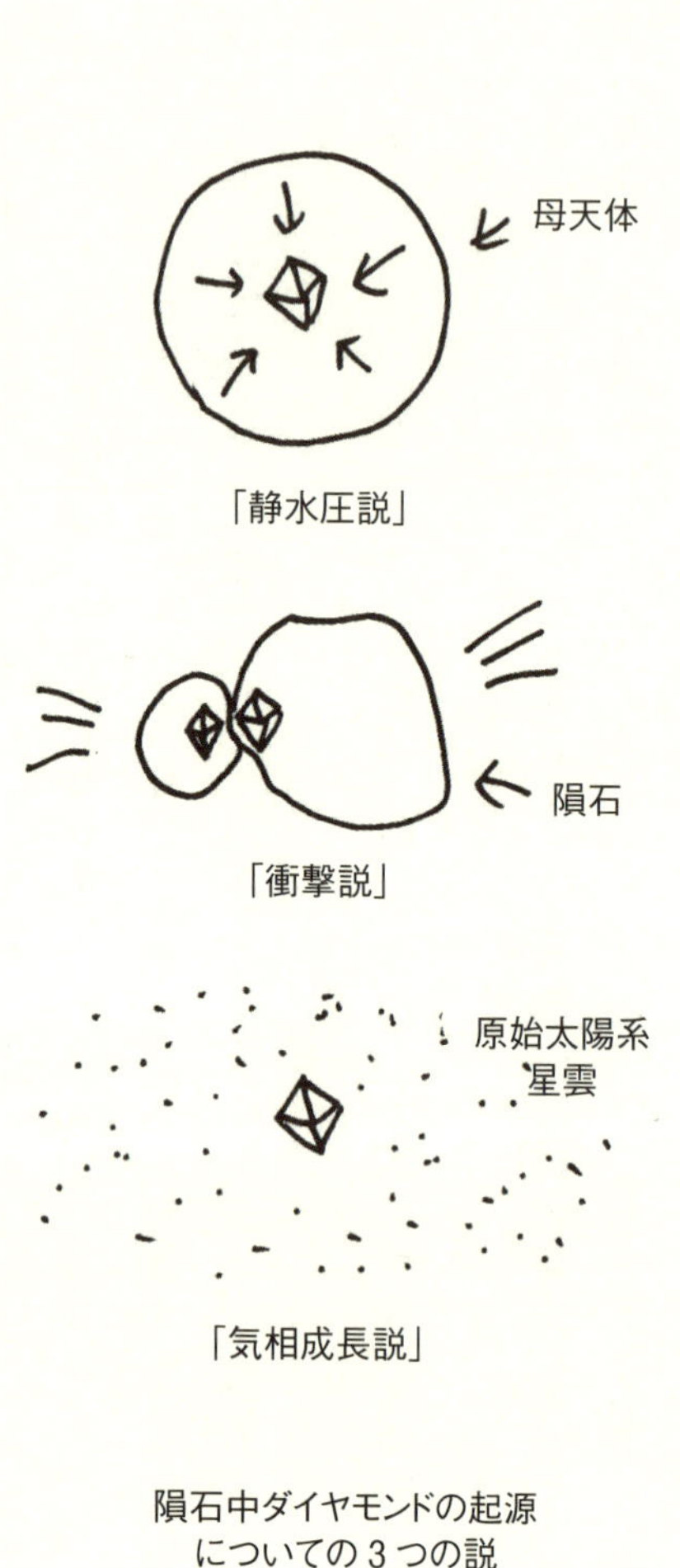

隕石中ダイヤモンドの起源
についての3つの説

の高圧力下でつくられたという「静水圧説」を唱えました。ジェネラルエレクトリック社がダイヤモンドの人工合成に成功したのが1955年のことで、ユーレイの論文は1956年に発表されました。ダイヤモンドの人工合成実験からダイヤモンドが生成するのに必要な圧力がわかります。この圧力データから、ユーレイはダイヤモンドの入っている隕石があった母天体の大きさが推定できるとも考えたのです。天体内部の圧力は天体のサイズによるからで、大きい天体ほど内部の圧力は高くなります。そして、ダイヤモンドができるような高圧が生じるには、少なくとも月以上の大きさの母天体が必要でした。ところが、小惑星帯には、前に述べたようにそのように大きな天体はありません。

このことから、１９６０年代には、シカゴ大学のアンダース達は「衝撃説」を唱えました。ちょうどその頃、火薬の爆発により、数千分の1秒の間に30万気圧ほどの圧力をつくり、グラファイトをダイヤモンドに変換する技術を、フランスの総合化学会社であるデュポン社が可能にしていたのです。この方法によれば多結晶の微小ダイヤモンドができます。多結晶で一定の方向に強度があるというのでなく、全方向に同じ強度になるので、研磨材に良いというので商品化もされました。このようなダイヤモンドを「衝撃合成ダイヤモンド」と呼びます。アンダース達の主張は、隕石が宇宙空間で衝突した時、もしくは地球に落ちてきた時の衝撃によって生じた高温高圧下でダイヤモンドができたというものでした。キャニオン・ディアブロ鉄隕石中のダイヤモンドが、特に強く衝撃を受けたと思われる試料で見つかること（クレーターの場所で衝撃の度合が違います）やダイヤモンドに衝撃波がある一定方向に通過した跡（ダイヤモンドの結晶軸が並んでいる）があることなどが、衝撃説を主張する理由です。

大阪大学の私たちの研究グループは、第3の説である「気相成長説」を主張しました。それは隕石中のダイヤモンドは、原始太陽系の中でイオン化したプラズマ状態のガスから成長してできたというものです。

ダイヤモンドは、実は高温高圧の状態だけでつくられるのではなく、真空に近いような低圧下でもつくれるのです。これを最初に発表したのは、1970年代のロシアの科学者達です。シリコン基板（シリコンの結晶構造はダイヤモンドに似ています）を水素とメタンを混ぜたガス中において、ガスを放電させると、シリコン基板の上にダイヤモンドが成長します。このようなダイヤモンドを「気相合成ダイヤモンド」と呼びます。今ではこの技術を利用して日本の電機会社でもダイヤモンド膜などをつくっています。そして、原始太陽系星雲は、水素が主成分なので、ガスからダイヤモンドができる条件にちょうど一致しているのです。

実はユレイライトのダイヤモンドは大変面白い特徴を持っています。ユレイライト中のダイヤモンドには希ガスが入っているのに、同じくユレイライトに存在するグラファイトには希ガスが入っていないのです。もし、ユレイライト中にあったグラファイトが衝撃でダイヤモンドに変わったとします。すると、材料となったグラファイトに希ガスが入っていないのに、できたダイヤモンドになぜ希ガスが入るのかという疑問が生じます。そのことは、他の科学者も不思議に思っていました。「ガスの入ったグラファイトだけがダイヤモンドになる」という論文を書いた人もいたほどです。しかし、無理のある主張でした。

実は、ユレイライト中のダイヤモンドに入っている希ガスは、その存在量のパターンに特徴がありました。重い希ガス元素ほどたくさん入っており、希ガス元素の「イオン化エネルギー」ときれいな逆の関係があるのです。イオン化エネルギーというのは、元素から電子1個を剥ぎとるのに必要なエネルギーです。重い（原子番号の大きい）希ガスほどたくさん電子があり、その一番外側の電子を剥ぎとるのには、そんなにエネルギーは必要としません。ですから、重い希ガス元素ほどイオン化エネルギーが小さいということになります。すなわち、イオン化エネルギーが小さい希ガス元素ほどたくさん入っているという

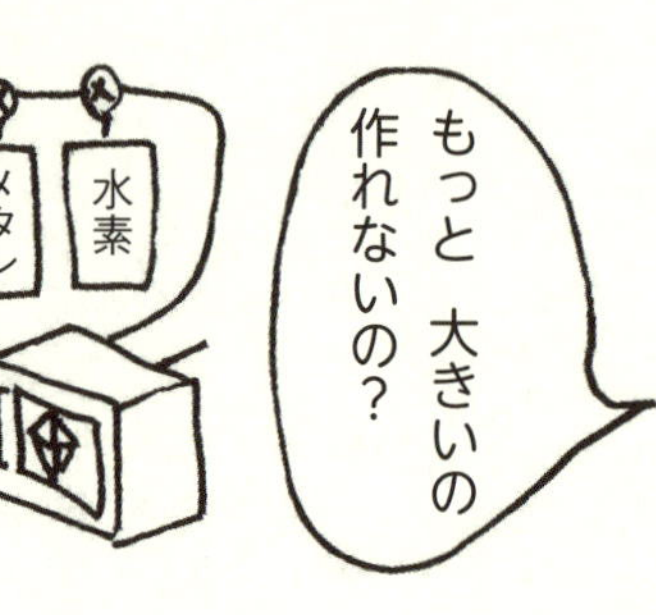

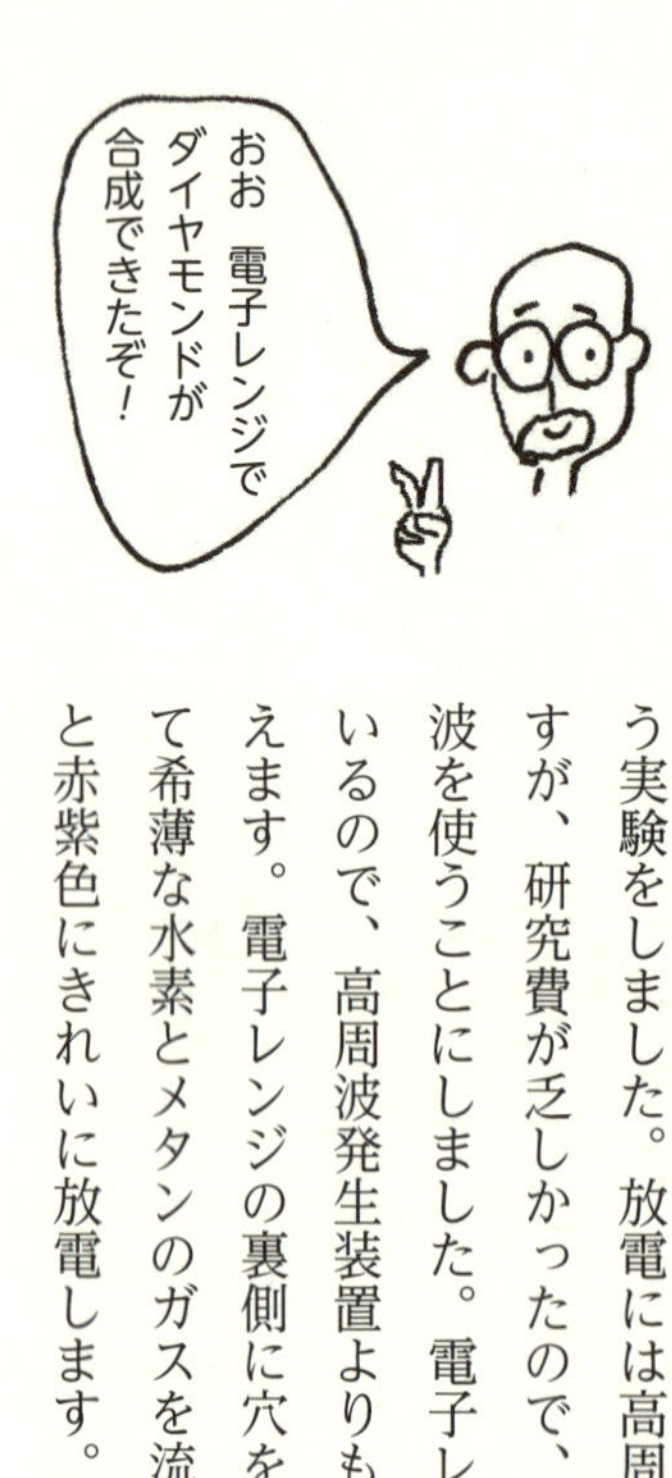

ことになります。

私たちは、希ガスがプラズマ状態でのイオン化などを経てダイヤモンドに取り込まれたと考えれば、この希ガスの特性をうまく説明できるのではと思いました。プラズマ状態では、小さいイオン化エネルギーの元素ほど大量にイオン化されるからです。

そこで、希ガスをいれた水素とメタンの混合ガスを使ってガスを放電させ、実際にダイヤモンドをつくるという実験をしました。放電には高周波発生装置を使うのですが、研究費が乏しかったので、電子レンジのマイクロ波を使うことにしました。電子レンジは大量生産されているので、高周波発生装置よりも値段が1桁ほど安く買えます。電子レンジの裏側に穴をあけ、ガラス管を通して希薄な水素とメタンのガスを流し、スイッチを入れると赤紫色にきれいに放電します。ただ、電子レンジの穴からマイクロ波がもれることもあります。そのチェックは大変簡単で、外側から電球を近づけるのです。マイクロ波が漏れている時には、電球が光るのですぐにわかります。その時は穴の隙間にアルミホイルをつめれば良いのです（もちろん、マイクロ波は危険なので、家では電子レンジをいじるなど真似をしないでください）。そうして、実際に電子レンジでダイヤモンドを合成しました。大きさは、０・01㎜ほどの大きさでした。

合成した気相合成ダイヤモンドに入る希ガスの存在度のパターンは、やはり予想通り希ガスのイオン化の割合を反映したもので、隕石中のダイヤモンドの希ガスの存在度パターンにきれいに一致していました。プラズマ状態になる時は、予想通りイオン化エネルギーの低いものほどたくさんイオン化されるからです。科学雑誌のネイチャーに論文を送り、無事採択されました。

私たちは大変綺麗な結果とすっきりした解釈ができ喜んだのですが、事はそう簡単ではなかったのです。

その後、比較のために衝撃合成のダイヤモンド中の希ガスも調べることにしました。当時、日本でも日本油脂株式会社が衝撃合成ダイヤモンドをつくっていたのです。日本油脂株式会社から、材料のグラファイトとそれからつくった衝撃合成ダイヤモンドを提供していただき、その中の希ガスの存在量と同位体比を測定したのです。その結果に驚きました。材料のグラファイトには希ガスが入っていないのですが、衝撃合成のダイヤモンドには希ガスが入っていたのです。これは、ユレイライト中の希ガスの特性と同じです。そして、衝撃説では有り得ないと思われていたことです。

しかし、そのパターンは空気中の希ガスのパターンそのものでした。どうもグラファイトの結晶の間隙に入っていた大気が、グラファイトがダイヤモンドに変換された時にそのままダイヤモンドに取り込まれたようなのです。

市販の試料では、衝撃合成時の温度や圧力などの条件などがよくわからないので、今度は、衝撃合成のダイヤモンドを実際に自分たちでもつくってみようと思いました。

それで、衝撃実験をしている研究所を探したのですが、驚いたことに、こういう研究は自衛隊の研究所が一番進んでいるということがわかりました。というのは、戦車の前に砲弾などを受けた時、どのぐらいのダメージがあるかというのは、軍事上大変重要な研究だからです。なるほどと妙に感心しました。
他には、東北大学の金属材料研究所の庄野グループで地球物理学的な研究が行われていました。これは、大砲のようなもので物体を発射させてさまざまな物質に衝撃を与え、その瞬間に生じる超高温高圧状態を使って、地球内部の高温高圧状態を研究しようとするものです。高温高圧の生じる時間は、静的な高圧装置よりももちろんずっと短いのですが、より高い超高温高圧状態を得ることができます。

私たちは、庄野グループと共同研究をしました。そして、実際に衝撃でダイヤモンドができること、また希ガスの入り方には2種類あり、ガスの逃げ場のない状態（閉鎖系）で衝撃を与えた場合にはダイヤモンドに希ガスが入るのですが、ガスの逃げ場のある時（解放系）には、希ガスが入らないことなどを実験的に証明しました。そして、市販の資料で確認したように、ダイヤモンドに希ガスが入るといっても、希ガスのイオン化エネルギーなどとは関係なく、大気の希ガス組成そのままで入るのです。

その後、私たちは気相合成ダイヤモンドでも、ダイヤモンドに希ガスが入る場合と入らない場合があることを知りました。実は、気相合成のダイヤモンドは、もっと簡単な方法でもつくることができるのです。プラズマ状態下での合成でないような場合には、気相合成ダイヤモンドには希ガスが入らないことを知りました。つまり気相合成ダイヤモンドに希ガスが入るのは、プラズマ状態でイオン化された希ガスイオンが加速されて成長中のダイヤモンドに打ち込まれる場合だけなのです。

ところで、隕石中のグラファイトには希ガスが入っていません。もし、グラファイトも原始太陽系星雲の中でガスからつくられたとすると、どうしてそのグラファイトには希ガスが入っていないのかという疑問が出てきます。

私たちは、気相からプラズマ状態でつくったグラファイトには希ガスが入らないことも実験で証明しました。なぜプラズマ状態でも気相からつくられたグラファイトに希ガスが入らないかというと、グラファイトは炭素原子が並んだ平面が積み重なった層的な構造をしているのですが、打ち込まれた希ガスが層の間から抜けながらグラファイトが成長していくからということなどもわかりました。構造的にグラファイトは希ガスを保持しにくいのです。

衝撃合成ダイヤモンドの強い根拠となった一定方向に衝撃波が走り結晶軸が並んでいるということも、基板の結晶方向に関係して気相合成ダイヤモンドができるので結晶軸が並んでいるということで説明できます。

このような実験データから、私たちは、隕石のダイヤモンドは、原始太陽系星雲の中でガスから生まれたという説を確信しています。鉱物学的な特徴からまだ衝撃説を主張する人もいます。それは、ダイヤモンドの近くに衝撃を受けたようなグラファイトがあるというものです。しかし、別のグループから私たちの説を支持する他の元素からのデータも出てきています。窒素の同位体比はグラファイトとダイヤモンドで異なり、グラファイトから衝撃でダイヤモンドができたのではないという証拠を示しているのです。

11　太陽系の形成以前の歴史

１９８７年、ダイヤモンドは先のユレイライトと2個の鉄隕石だけでなく、非常に始源的なコンドライトにも普遍的に存在することが発見されました。この研究をすすめたのは、シカゴ大学のアンダース達のグループです。コンドライトを酸でどんどん溶かし、残った０・５％ほどの極微量の部分にダイヤモンドが入っていました。

このダイヤモンドは、大きさが１００万分の１㎜の桁のサイズの大変小さな粒子で、ダイヤモンドだとわかるまでには紆余曲折がありました。それまでは、炭素であることはわかっていたのですが、あまりにも小さすぎて、Ｘ線で調べてもその構造が特定できませんでした。結晶構造のないアモルファス（非晶質）の炭素ではないかと思われた時もあります。電子顕微鏡での電子線回折測定を行ってようやくダイヤモンドと判明したのです。電子線の波長はＸ線の波長よりもさらに短いので、そういう短い波長を使わないと、この炭素物質の微小構造を特定することができなかったのです。実際、物質の構造を調べるためには、その構造よりも小さい物差しを使う必要があるのです。１ｍの物差しを使って、１㎝の物を計れないのと同じです。

実は、このダイヤモンドは、大変重要な情報を持っていたことがわかりました。希ガスの同位体比が、説明できる明瞭な理由もないのに太陽系の平均値と大きく異なっていたのです。

このような太陽系内の同位体比と異なる物質を「太陽系外物質」あるいは、「太陽系形成以前の粒子」という意味で「プレソーラーグレイン」とも呼ばれます（「プレ」というのは「前」という意味です）。現在では、太陽系外物質というよりも、これから述べるように太陽系での同位体比の均質化をまぬがれた物質だということがわかったので、後者のプレソーラーグレインという呼び方が一般的になっています。

前に、太陽系ができた時には、すべての物質が一度蒸発してガスになってよくかきまぜられ、太陽系の各元素の同位体比がすべて同じになったということを述べました。ですから、それ以前の状態の情報はすべて一度消されてしまいました。前世を信じる人にとって、生まれる前に前世の記憶が一度すべてかき消されたといわれるようなものです。

ところが、その時に原始太陽系星雲の中でガスにならずに固体のままで残り、同位体比の均質化をまぬがれた物質があったのです。それがこのダイヤモンドです。ですから、プレソーラーグレインのダイヤモンドを研究すれば、高温のガス化以前の状態、すなわち太陽系形成以前の歴史がわかることになります。

プレソーラーグレインは、ダイヤモンド以外にも、グラファイトやシリコンカーバイド（炭化ケイ素）などが知られています。いずれも希ガス同位体比の異常から発見されたもので、炭素質物質（炭素が主な成分の物質）です。

どうして、プレソーラーグレインが炭素質物質ばかりなのかという疑問があるかもしれません。それは、プレソーラーグレインを取り出すのに、隕石の大部分を酸で溶かし去って残る物質から探すという方法をとるからです。隕石の中にプレソーラーグレインは極微量にしか存在しないので、隕石から物理的な手法で分離することが難しいのです。アンダース達は、これを干し草の中から針を探すというたとえで話しています。干し草の中に針一本入っていたとすると、その危険な針を見つけ出すのは大変大事なことですが難しいです。でも干し草を全部燃やしてしまえば、針は残るので、見つけるのは簡単です。ダイヤモンド、グラファイト、シリコンカーバイドなどは耐酸性（酸に侵されない力）が強く、隕石を酸で溶かしても残ります。隕石の大部分のケイ酸塩を酸で溶かすのは、干し草を燃やしてしまうのに相当します。

プレソーラーグレインのシリコンカーバイドは、隕石全体の重さの100万分の5程度の量ほどしかありませんが、粒子の大きさが比較的大きい（1万分の1㎜の桁のサイズ）ので、最もよく研究されています。1個ずつのシリコンカーバイド粒子中の炭素や窒素を始め他の元素の同位体比も詳細に調べられています。プレソーラーグレインのシリコンカーバイドは、これらの元素の同位体比からいくつかのグループに分類されています。その大部分はAGB星での元素合成の名残をとどめています。AGB星というのは、星の中の核合成が進んでいく進化段階の一つの段階です。星の中の元素合成の数値計算と比較すると、太陽の質

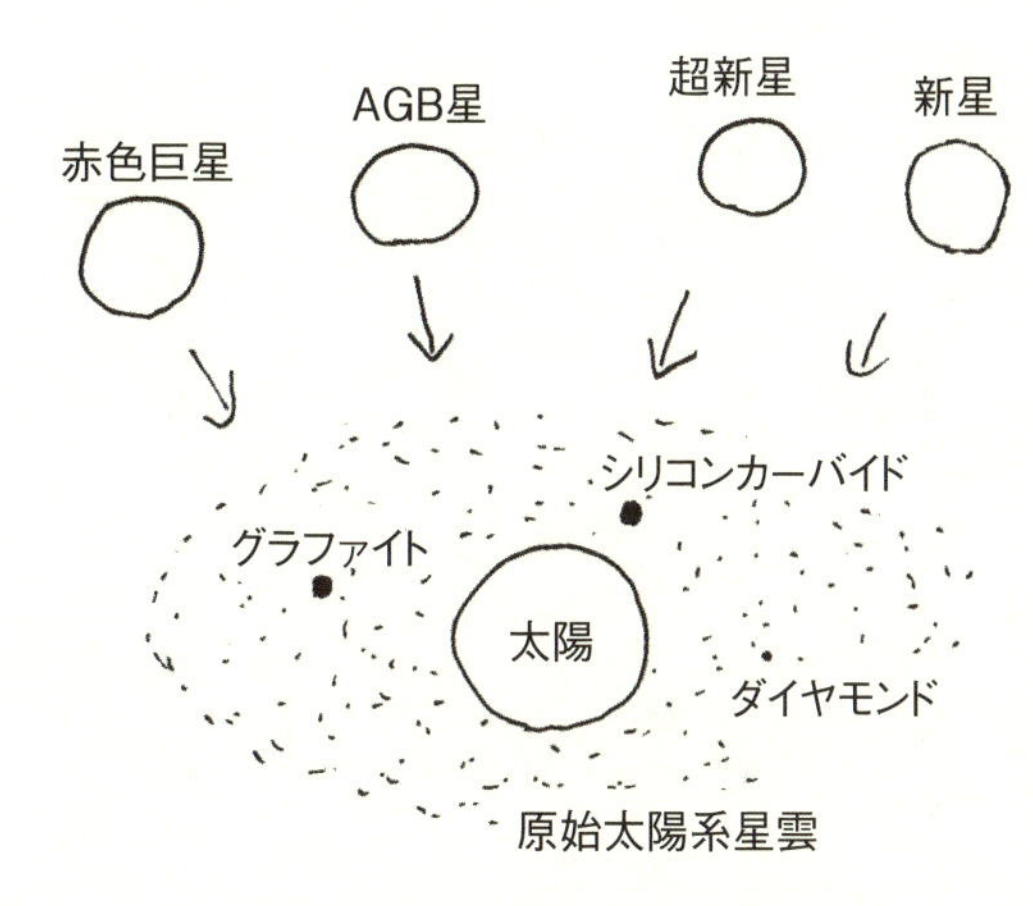

プレソーラーグレイン
（原始太陽系星雲内でガス化をまぬがれた粒子）

量の1～3倍ぐらいの星の進化の最終段階の時の核合成とよく一致することが知られています。その他、プレソーラーグレインのシリコンカーバイドの中には、大質量星の進化の最終段階である超新星起源のものも見つかっています。

プレソーラーグレインのグラファイトは、かなりの部分が超新星起源であると考えられています。プレソーラーグレインのグラファイトの中にチタンカーバイドなどの別のプレソーラーグレインが入っているのも報告されています。

プレソーラーグレインのダイヤモンドは、他のプレソーラーグレインと比較して、量は多い（それでも重さにして隕石全体の1万分の5程度）のですが、サイズがあまりにも小さい（100万分の1㎜の桁のサイズ）ため、個々の粒子についてはあまりよく研究されていません。プレソーラーグレインのダイヤモンドの大部分が、超新星起源であるとされています。

どのような元素組成の星なら、どのような元素合成が行われ、どのような同位体比の元素がつくられるのかは、天文学者が数値計算して調べています。しかし、それは机上のコンピュータによるもので、いわば架空の計算です。実際の試料を使った実験データと比較してその計算が正しいのかどうか、これまで突き合わせることができませんでした。

プレソーラーグレインの研究から、隕石中の元素の同位体比の測定データと天文学者の星の中の核合成の数値計算の比較ができるようになったのです。これらの研究から、私たちの太陽系をつくった物質が、その前にどのような星でつくられたのか、その詳細がだんだんとわかってきました。

最近は、酸で隕石を溶かすことなく、隕石の微小部分に直接イオンビームを照射して、さまざまな元素の同位体比を測定することが行われています。これは、そのようなことのできる科学技術（二次イオン質量分析計などの開発）が進歩したことによります。これらの研究から、酸化物（ある元素と酸素が化合したような物質）のようなプレソーラーグレインも直接観察で見つかっています。そして、さまざまな星での核合成でつくられた元素が太陽系星雲の中に入ってきたことがわかっています。

12　星内部での元素合成のタイムスケール

星の中では元素の合成が行われているという話を前にしましたが、そのような反応はどのぐらいの時間をかけて星の中で進んでいるのでしょう？　そのタイムスケールを隕石の同位体比研究から推定することができます。

宇宙においては鉄が一番安定で、星の中の核合成反応は鉄までしか進まないことは、前に述べました（第1章「5　恒星の誕生と転生」を参照）。重い元素になるということは、原子核の陽子の数が増えることです。原子番号は陽子の数で、それにより元素の種類が決まるからです。ですから、重い元素がつくられるためには、陽子が原子核内に取り込まれればよいのです。しかし陽子は正の電荷を持っています。そのため、外部の陽子と原子核内の陽子の間には、正の電荷同士の反発力が働きます。一方、中性子は電荷を持たないので、中性子が大量に放射されるような現象があると、それが電気的な反発力を受けることなく原子核の中に照射されます。そうすると原子核内では中性子が過剰になります。原子核では陽子と中性子がほぼ半数ずつになっている状態が安定なので、中性子が過剰になった原子核内では中性子が陽子に変わります（ベータ壊変）。すると、原子核の質量数は同じで、原子番号が一つ大きな別の元素の原子核になることになります。

鉄より重い元素の合成には、以下の3つのプロセスが考えられています。

星の爆発的な現象があり、大量の中性子が原子核内に打ち込まれ、その後にベータ壊変でその中性子が陽子に変わるような核合成をｒプロセスと呼びます（ｒは「急」という意味の「rapid」の頭文字です）。そして、このような爆発的な現象ではなく、ゆっくりと中性子を捕獲しながら不安定な原子核になるとベータ壊変して別の元素に変わるような核合成がｓプロセス（ｓは「ゆっくり」という意味の「slow」の頭文字です）です。これは、赤色巨星のような巨大な星の中で起こります。また、それ以外に、電気的な反発力があるというものの、原子核の中に直接陽子が打ち込まれるようなこともあります。これをｐプロセス（ｐは「陽子」である「proton」の頭文字です）と呼びます。電気的な反発力に打ち勝って陽子が原子核まで到達するわけですから、打ち込まれる陽子はかなり大きな運動エネルギーを持っていないといけません。ですから、これも爆発的な現象の時に起こります。すなわち、ｐプロセスとｒプロセスは超新星爆発のような時に起こります。

ところで、ゆっくり中性子を捕獲しながら、不安定な核のところでベータ壊変するというｓプロセスの核合成が、星の中でどのぐらいゆっくり進んでいくのかについては、良くわかっていませんでした。これは、星の中での中性子の捕獲のスピードがどのぐらい速いのかという問題です。しかし、それを隕石の研究から次のように推定することができました。

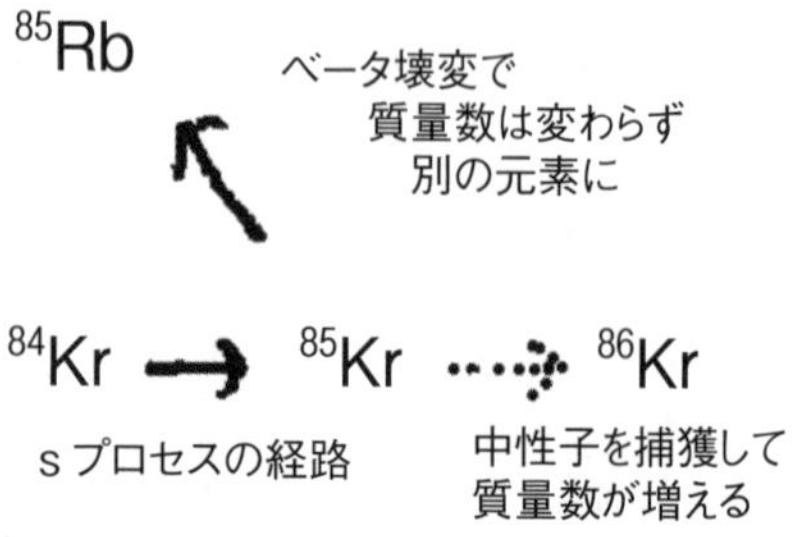

たとえば、クリプトン84（^{84}Kr）が中性子を一つ捕獲すると、クリプトン85（^{85}Kr）になります。クリプトン85は大変不安定で10・8年の半減期（その物質が半分の量になるまでの時間）で、ルビジウム85（^{85}Rb）

^{85}Rb

ベータ壊変で
質量数は変わらず
別の元素に

^{84}Kr → ^{85}Kr ⋯→ ^{86}Kr

sプロセスの経路

中性子を捕獲して
質量数が増える

^{85}Krが10.8年の半減期でベータ壊変するか、さらに中性子を捕獲するかは、sプロセスのタイムスケールによる！

に壊変してしまいます。ところが、クリプトン85が中性子を捕獲するとクリプトン86（^{86}Kr）に変わるのです。ということは、sプロセスの反応が速いと、中性子の捕獲が短い時間で起こりsプロセスのクリプトン86がたくさんできるのですが、sプロセスがゆっくりだと、クリプトン85は中性子を捕獲する前にルビジウム85に変わってしまいます。ですから、sプロセスのクリプトン86が他の同位体に比べてどのぐらいあるかということを測定すれば、sプロセスが起こるタイムスケールの目安になるのです。

しかし、隕石中のクリプトンの量は大変少ない上に、クリプトン86の中の純粋なsプロセスの量を測定しなくてはならないので、大変面倒な実験だったのです。

実は、私は以前にシカゴ大学でこのような研究をしていました。隕石のプレソーラーグレインの中でsプロセスのクリプトンをさまざまな割合で含む試料を準備し、隕石中の純粋なsプロセスのクリプトン86の量を測定することに成功したのです。そして、sプロセスのタイムスケールが5から100年ぐらいのタイムスケールで起こっているという結論を得ました。

13　希ガス同位体科学の最大の謎

希ガスは周期律表の一番右側にある元素です。化学的に不活性であることから、その同位体比研究が盛んに行われ、火星起源の隕石の特定やプレソーラーグレインの研究にも威力を発揮したという話をしました（第3章「5　隕石はどこからやってくるのか?」と「11　太陽系の形成以前の歴史」を参照）。希ガスの同位体科学は宇宙惑星科学の中でも大きな研究分野になっています。

ところが、この希ガスについて大変不思議なことがあるのです。１９７５年のことです。シカゴ大学のアンダース達のグループは、化学結合をしない希ガスが隕石のどこにどのような形態で入っているのか調べようとして、アレンデ隕石をフッ酸で溶かしました。岩石の主成分であるケイ酸塩（ある元素とケイ素と酸素からなる化合物）はフッ酸に溶けるので、隕石の質量の99・5％が溶け去り、０・５％だけが残りました。ところが、最初の隕石にあったほぼ全部の希ガスがこの０・５％の微小部分に残っていたのです。この部分には、酸化物や硫化物（硫黄との化合物）、炭素質物質などが残っていました。

次に、この0・5％の部分を硝酸などの強い酸化剤で処理すると、ごくわずか（隕石全体の量の0・02～0・04％）だけ溶け、それとともにアルゴン、クリプトン、キセノンなどの重い希ガス元素が消えてしまったのです。すなわち、重い希ガスは、隕石中に均一に含まれているのではなく、0・02～0・04％の極微小部分だけに局在していることがわかったのです。彼らは、その時その希ガスを濃縮している物質が何であるかを特定できませんでした。それで「精髄」という意味のラテン語の「quintessence」の頭文字をとって、「Q」と名づけました。なぜ化学的に不活性な（化学反応をしない）希ガスがこのように隕石のある極微小部分に特定し

プレソーラーグレインとQの関係

て濃縮しているのかは、多くの隕石学者の関心を引きました。

ちなみに、このQを溶かし去った微小部分から、さきのダイヤモンドを始めとするプレソーラーグレインが次々と発見されたのです。プレソーラーグレインの研究は、太陽系をつくった材料の星が研究できるということで、その後はQよりもプレソーラーグレインの方の研究が一気に進みました。Qの研究は後回しになったのです。しかし、プレソーラーグレインの研究が一段落し、このQの存在に大変興味が持たれるようになりました。

その後、ほぼすべての始源的なコンドライトにQが存在すること、隕石が熱による変成を受けるにしたがって、Qの量が減ることなどが明らかになりました。また、Qの物質そのものはよくわかっていないのですが、スイスのグループが酸で溶かして出てくる希ガスを直接測定する装置をつくり、その希ガスの同位体比を正確に決定しました。それまでは、酸で処理する前後の試料の希ガスデータの差からQの希ガス組成（どのような元素比や同位体比を持つかということ）を決めていました。Qの希ガス組成は、太陽系の存在度と比較して重い希ガスが相対的に濃縮したような元素パターンを持っているのですが、同位体比的にはプレソーラーグレインなどと異なり太陽系の平均値に近いものです。

当初、Qは何かの硫化物ではないかと疑われたのですが、カルフォルニア大のグループが炭素物質であることを見つけました。これは、酸処理を強くし、元素として炭素だけの物質にしてもQが残ったからです。しかし、どのような形態の炭素物質であるかはわかっていません。炭素物質にも、ダイヤモンド、グラファイト、有機炭素などと色々な形態の炭素があるのです。隕石中の主成分の炭素は、有機炭素やグラファイト的な炭素なのですが、それらとは異なる形態の炭素物質ではないかと推定されています。どうしてかというと、隕石を真空中で酸素を入れて温度を上げていって燃やします。すると、炭素は炭酸ガスになって出てくるのですが、大量に炭酸ガスが出る温度と希ガスの出てくる温度が微妙に異なる隕石があるからです。希ガスが放出されるのはQが分解される時です。大量の炭素が燃える温度とQを含む炭素物質が燃える温度が異なっているのは、Qが主成分の炭素物質とは異なる炭素物質であるということを示しています。

一方、私たちはこのQを含む物質を分けるのに、隕石を化学的に酸で溶かすのではなく、純物理的に分離する方法を見つけました。その方法によれば、貴重な隕石を99・5%も溶かし去る必要がないのです。物理的な分離法ではどうするかというと、隕石を水の中に入れ、冷凍庫に入れて凍らせます。それを超音波洗浄機に入れて水を溶かします。それを何百回と繰り返すのです。隕石の中にしみ込んだ水は凍ると膨張します。その力で隕石を自然に近い状態で風化分解させるのです。この方法は、もともとは隕石の中のコンドリュールを取り出す方法として開発されたものです。大変自然な形で隕石がぼろぼろに崩れていき、硬いコンドリュールだけが残るのです。コンドリュールを研究する人は、この方法で隕石からコンドリュールを分離していました。私たちはコンドリュールよりも、コンドリュールを囲んでいるもっと細かい粒子（マトリックスといいます）に興味を持っていました。なぜなら、希ガスはマトリックス中に存在することがわかっていたからです。私たちは、マトリックスを粒子サイズにより分別し、どの粒子サイズのマトリックスにQが入っているかを見つけようとしたのです。ところが、どの粒子サイズのマトリックスも希ガス量に差がありませんでした。一方、そのマトリックス分離の時に水面にアクのようなものが浮かんできました。それをすくって取ったところ、そのアクのような部分にQが濃縮していたのです。そのアクのような物質の希ガスの濃縮度は、99・5%を溶かし去った残りの物質と同じものでした。

なぜ、Qを含んだ物質が水の上に浮いてくるのかはわかっていません。ただ、Qは、酸化剤を使うまでは、プレソーラーグレインであるダイヤモンドと同じような挙動をするのです。実は、ダイヤモンドは水とは大変相性が悪い（「疎水性が強い」という表現をします）ので、このような水中での分離の場合に微小なダイヤモンドは水面に浮いてくるのです。たぶん、Qはプレソーラーグレインのダイヤモンドと一緒になって、水面に分離されてくるものと思われます。

ダイヤモンドは、よく知られた硬いという性質以外に、いろいろと面白い特質を持

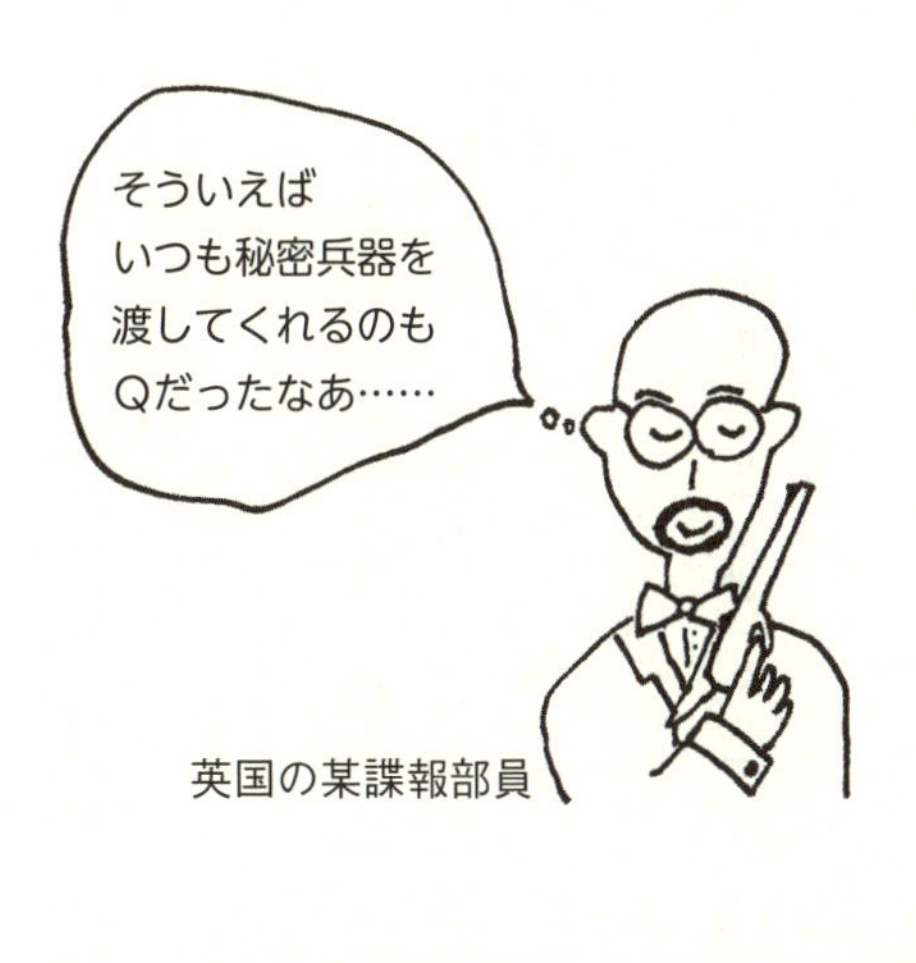

そういえば
いつも秘密兵器を
渡してくれるのも
Qだったなあ……
英国の某諜報部員

っています。一つは高い熱伝導率（熱の伝わり具合）です。銅のスプーンでアイスクリームを食べるとスプーンが舌にふれただけで、ひやっとした大変冷たい感じがします。これは、金属の中でも銅の熱伝導率が高いためで、アイスクリームの冷たい温度が銅を伝わってきているからです。ダイヤモンドは銅よりも数倍熱伝導率が高いので、もしダイヤモンドのスプーンでアイスクリームを食べると、銅のスプーンよりももっと冷たく感じるはずです。また、手の暖かい温度もスプーンに伝わりやすいので、冷えてかちかちに固まったアイスクリームも簡単にすくうことができるでしょう。

もう一つのダイヤモンドの面白い特質は疎水性です。ダイヤモンドの上に水滴をたらすと、まるでワックスを塗った車の上の水滴のように丸くなることが知られています。これは、ダイヤモンドと水との関係が、油と水のような関係だからです。

さて、私たちは、その水面に浮かんできたQに富む物質や、酸で溶かして残ったやはりQに富む物質について、電子顕微鏡観察や炭素の構造形態を調べるのによく使われるラマン分光測定なども行いました。しかし、現在でもQが何であるかはわかっていません。それは、他の大部分の炭素物質が観測の邪魔をするからです。Qは大変微量なので、いつも他の炭素物質に隠されてしまうようです。このQがなんであるかということがわかれば、なぜ化学反応しない希ガスをそんな高濃度で取り込むことができるかということや太陽系内でいつどのように希ガスを取り込んだのかということに関係して、太陽系の形成史で重要で面白いことがわかると期待されています。

Qの希ガスの元素存在度は重い希ガスがより濃縮しているものでした。それで、Qの希ガスは炭素物質の表面に吸着したものではないかという意見があります。吸着現象では、重い希ガスほどより吸着しやすいのです。ただ、Qの希ガスは1000℃以上の温度でないと脱ガスされません。吸着ならもっと低い温度で放出されるはずです。それで、表面に吸着した後に、ランダムウオーク（無作為による運動）による拡散（物質が拡がっていくこと）で物質内部に入って行ったのではないかと考えるグループがいます。実際、インクの材料であるカーボンブラックを希ガス中にさらして希ガスを吸着させます。その後で、このカーボンブラックを真空中におくと、大部分の希ガスは物質表面から簡単に離れていくのですが、ごくわずかの希ガスは残ります。表面吸着の後に拡散で物質内部に入る希ガス原子が少しあるのです。これがQというのが、彼らの説です。

私たちはQに関して別の説を持っています。Qは原始太陽系のプラズマ状態でダイヤモンド表面にイオン化された希ガスが打ち込まれた（「イオンインプランテーション」といいます）ものではないかと、考えているのです。希ガスがイオン化される時には、重い希ガスほどイオン化されやすいことは、ちょうどユレイライトのダイヤモンドの希ガスの場合と同じです（第3章「10　隕石中のダイヤモンドとその起源」を参照）。実際、Q中の希ガスとユレイライトのダイヤモンド中の希ガスは、その存在度パターン（どの希ガスがある希ガスに対してどれだけ入るかという相対的な割合の様子）が大変良く似ているのです。重い希ガスほどたくさん入ることになります。イオンインプランテーションでは、希ガスイオンが強く物質中に打ち込まれるので、高い温度で希ガスが放出されることも無理なく説明することができます。

Qはある独立したある物質であるという意見がある一方、実は実体のないもので、単に炭素物質の結晶構造の乱れたところに入っているだけではないかという説も私たちは提唱しています。希ガスがプレソーラーグレインのダイヤモンドなどの表面にプラズマ状態でイオンインプランテーションされた場合、ダイヤモンドの結晶構造が壊されダイヤモンドの結晶構造がぐしゃぐしゃになります。ちょうど、アモルファスカーボン（「非晶質炭素」とよばれるもので、短距離では結晶構造はあるが、全体的には結晶構造がない炭素）のようなものです。隕石中の炭素の形態を調べるラマン分光の研究では、さまざま隕石に共通の統一的なQの特性というものが見つかりません。隕石の種類により炭素の形態もさまざまなのですが、いずれも場合も、より結晶構造の乱れた箇所にQがあるように見えるだけだからです。しかし、これについてもまだ決着はついていません。Qの存在は大変微量なので、ラマン分光のような観測でもいつも他の大量にある炭素物質に隠されていて、Qそのものが観測されていないとも考えられるからです。

14　隕石と彗星

有名なハレー彗星は、ニュートンの友達であるハレーがその出現を予言をし、その予言が見事的中したことから命名されたものです。彼は、１５３１年、１６０７年、１６８２年に現れた彗星の軌道が同じものであることを結論して、１７５８年にも現れることをはっきり予言したのです。ハレー自身は１７４２年に亡くなったのですが、その予言通り彼の死後16年後に彗星は現れました。

彗星の出現は、昔の人にとっては恐怖だったようです。特に明るい彗星が夜空に長い尾をひいて現れた時などは、さぞかし恐ろしかったに違いありません。いろいろな歴史的な事件とともに、彗星の記録も残されています。

ハレー彗星は古くから知られていて、６８４年の出現は、「ニュールンベルグ年代記」という本に載っているそうです。これが、姿の描かれている一番古いハレー彗星のようです。私は幸運にもそのニュールンベルグ年代記の本を見る機会を得ました。関西では近畿大学の図書館にあります。ドイツの医者シェーデル・ハルトマンの著で、聖書をもとに世界の歴史、地理に関することを年代順に収録した貴重な古本です。残念ながら展示物で本に触れられなかったので、ハレー彗星そのものの絵は見られませんでした。本は1493年の発行です。

1066年は、「ノルマン征服」というイングランドにとっての大事件が起こった年です。ノルマンディー公ウィリアムが兵を起こし、イングランドを征服してノルマン王朝が誕生したのです。フランスの北西部の街バイユーには、征服王ウィリアムの一生を描いた壁掛けがあり、これに1066年に出現したハレー彗星が描かれています。ハレー彗星の下には王位についたばかりのデーン人のイングランド王、ハロルドが動揺している姿があります。彼はその後ノルマンディー公ウィリアムに滅ぼされることになるのです。この壁掛けはウィリアムの王妃がつくったものだそうで、彗星の描かれている壁掛けとして有名です。

バイユーの壁掛けに描かれた
ハレー彗星はこのような姿

1453年のコンスタンティノープル陥落の3年後の1456年にもハレー彗星が現れ、時のローマ教皇がおののいたといわれています。この時の出現は、日本や中国、韓国にも記録があるということです。

ハレー彗星は76年の周期で地球に接近します。１９８６年はハレー彗星が地球に大接近するというので、話題になりました。この前の１９１０年には、地球がすっぽりと彗星の尾の中に入るほどの大接近でした。この時は、彗星の尾の毒ガスが地球を覆い、人間は皆息ができずに死んでしまうというデマが流れ、大衆は大パニックで自殺者もでるほどでした。

１９８６年は、残念ながら肉眼ではほとんど見えないぐらいでした。しかし、各国が探査機をとばし、この彗星が詳しく研究されました。この探査機の名前は「ジオット」ですが、それは、イタリア・ルネッサンス初期の著名な画家のジオットがパドヴァのスクロヴェーニ礼拝堂の装飾画「東方三博士の礼拝」に彗星を描いているからです。キリストが誕生した時、東方の三博士は、西の空に見たことのない星が現れたことからユダヤの王が生まれたことを知り、その星をたよりにベツレヘムに礼拝にやってきたのです。この星を「ベツレヘムの星」といいます。ジオットは、このベツレヘムの星を彗星として描いているのです。彼は1301年のハレー彗星を実際に見て、これを描いたといわれています。

　さて、彗星というのは、「コマ」とよばれる頭の部分と尾を持っています。コマは薄い緑色をしていますが、その中に本体である「核」があります。彗星の本体は氷と固体の粒である塵が混じり合った、雪だるまのような構造をしていると考えられています。太陽熱によって核からガスと塵が蒸発して太陽光を散乱して光っているのがコマです。太陽に近づくにつれて、急に大きくかつ光も強くなります。一番強い光を出しているのは炭素分子で、これがコマの緑色の原因になっています。

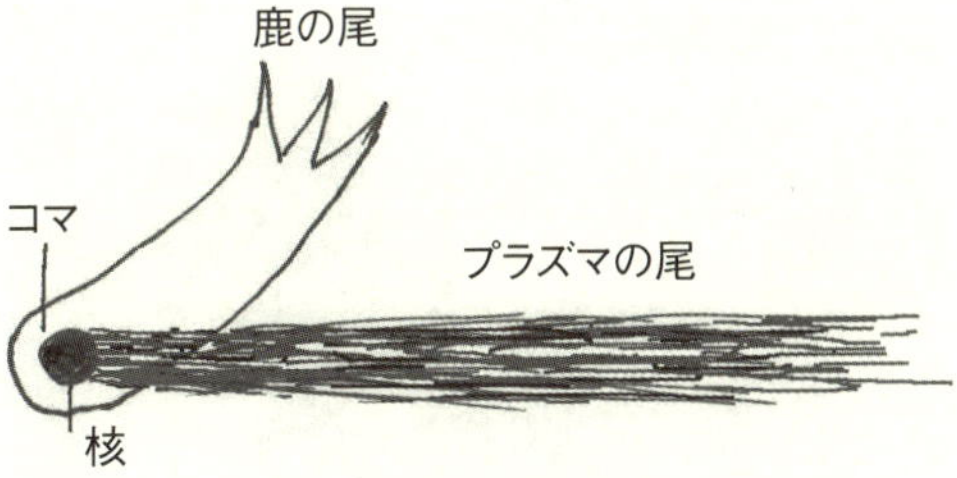

彗星の構造

　蒸発した塵は太陽光の圧力で押されて反対側に伸びています。この尾は幅が広く、太陽の真反対というのではなく、少し曲がっています。よく見るともう一本、太陽と真反対方向に細く真っすぐに伸びた尾があります。この長さはハレー彗星では5000万から7000万kmになります。これはガスや塵がイオン化した「プラズマの尾」です。この尾の存在は太陽光の光圧では説明できず、太陽から水素イオンを中心とする高速なイオンの流れ（これを「太陽風」といいます）があることが推測されました。

塵の粒は探査機でも捕らえられました。それによると、ケイ素の酸化物である岩石というよりも、炭素、水素、酸素、窒素の化合物というような粒の方が随分と多いことがわかりました。まるでコールタールのようなものではないかと考えられています。探査機は、ガスや塵の蒸発が核の表面の部分的なところで起こっていることや核の回転の様子を見事に捕えていました。また、核の密度は1以下で、かなり隙間の多いふわふわとした物質のようです。

これらの彗星はどこからやってくるのでしょう。周期的に地球にやってくる彗星の軌道はものすごく引き伸ばされた楕円軌道です。オールトという人が太陽から太陽系の外側に球殻状に取り囲んでいる数千億個の彗星の群れのようなものがあるという説を唱えました。まるで彗星の連なった雲のようなので、これを「オールトの雲」と呼んでいます（第2章「1　太陽系について」を参照）。このオールトの雲の球殻の半径は1万ＡＵとも10万ＡＵともいわれています。オールトの雲は、太陽系ができた時、外惑星の領域の氷を含んだ微惑星が遠くに放り出されたものと考えられています。このオールトの雲の中から、近くを通った恒星や暗黒星雲の影響で、再び太陽系の中へ入る長楕円軌道に移るものがあり、それが彗星というわけです。太陽系に入った彗星は木星などの大きな惑星の影響を受けて短周期の軌道に変更させられてしまうものもあります。76年周期のハレー彗星などはこの例です。現在では、このオールトの雲の存在は多くの研究者によって確信されるようになっています。

その後の彗星探査機スターダストの観測では、塵の量が思ったより多いことも報告されていて、持ち帰った試料からは、通常隕石でみられるような岩石の鉱物もあることがわかりました。太陽に近い場所で形成された岩石の塵が太陽系の外側にまで運ばれた可能性が指摘されています。

１９９４年7月にはシューメーカー・レビー第9彗星が、木星に衝突しました。この彗星は木星の重力に捕まえられ、木星の重力で、彗星の核が20個程度に分裂してしまい、それらが次々と衝突していきました。人類は初めてこの大事件を目撃しました。衝突場所は木星の裏側だったため、地球からは直接の観測はできませんでしたが、衝突時の大きな閃光と、後にその衝突の痕跡が観測されました。その痕跡後は地球と同じぐらいの大きさでした。そして、これがきっかけとなって、彗星や隕石など小天体の地球への衝突が実感を持って感じられるようになったのです。

15　テクタイトとは？

私が大学院生の時、赤坂にある女性向きの小物を扱う店で、「バリ島に落ちた流れ星」と書かれて、ある小さな黒い石がショーウインドウに飾られていました。何とロマンチックなネーミングをしたものだと、そのキャッチコピーに感心しました。流れ星が落ちたのなら、隕石ということになります。

しかし、今から思うと、これは隕石ではありません。テクタイトだろうと思います。

テクタイトは、現在でもよく隕石と混同されています。堂々と隕石として売っているような店もあります。昔に隕石と考えられたことがあるからですが、現在では地球の岩石であることがはっきりしています。

テクタイトは、大変緻密で硬いガラス質の物質です。高温で溶けて固まったため、大変緻密で水分量が大変低いのです。テクタイトの特徴を持つものに一番近いのは、砂漠の核実験場などで砂が高温で溶けたガラスともいわれています。そのため、人類は過去に核戦争をして滅んだことがあり、テクタイトはその時の核戦争の産物だという荒唐無稽な説を唱える人もいるぐらいです。

また、月の火山から噴出したものが、地球に落ちてきたものだと主張する研究者もいました。しかし、テクタイトの含水量は低いとはいえ、月の岩石よりは高いのです。月には水はほとんどありません。また、テクタイトの年代が大変若いことから、その月起源説も否定されました。

アジアから採れたテクタイトは、濃い焦げ茶色から黒色で、ボタンのような円盤形をしたものや、球形、水滴や鉄アレイのような面白い形をしたものがあります。このアジアからのテクタイトが「バリ島に落ちた流れ星」として売られていたものです。

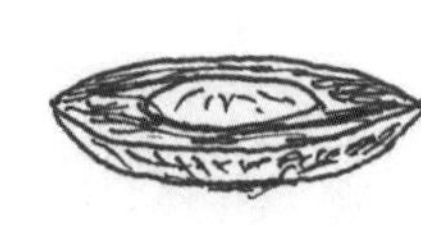

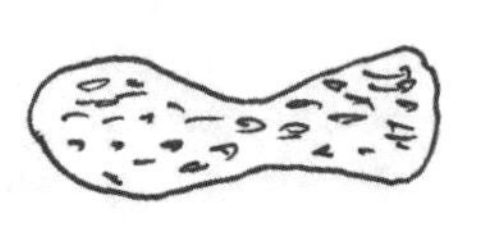

テクタイトのさまざまな型

モルダバイトという綺麗な緑色のテクタイトは宝飾品としても使われていますが、チェコ共和国から採れるものです。

テクタイトは、地球上のどこでも見つかるというのではなく、四つの大きな分布域があります。それらは、「オーストラレイシアン分布域」、「北アメリカ分布域」、「象牙海岸分布域」、「中央ヨーロッパ分布域」です。

「オーストラレイシアン分布域」は、オーストラリアからインドネシア、フィリピン、タイ、ベトナム中国の南部までを含む広大な分布域です。「北アメリカ分布域」は、2番目の大きさでニュージャージー州やテキサス州などの地域です。「象牙海岸分布域」はアフリカの大変狭い地域ですが、大西洋から見つかるものもあるので、それも入れると大きな分布域になります。「中央ヨーロッパ分布域」も狭い地域ですが、チェコと東ドイツ、オーストリアなどです。この地域からのテクタイトが、先の緑色をしたモルダバイトです。

いずれも、大きな隕石が地球に衝突し、地球の岩石が溶けて飛び出したものだと考えられています。私たちは、希ガスの同位体比研究から、テクタイトが間違いなく地球の岩石であり、それが衝突時に地上20～40㎞まで舞い上がったという結果を報告しています。

四つの分布域のそれぞれに対応する衝突の年代はわかっていますが、その衝突で生じたであろうクレーターの場所については、わかっていないものもあります。

先のモルダバイトが生じた時の隕石衝突のクレーターは、ドイツにあるリースクレーターです。直径が約24㎞もあり、その中にはネルトリンゲンという美しい町があります。私もこの地域に行ったことがあるのですが、クレーターは、地表からだと小高い丘が連なっているように見えるだけでよくわからず、ちょっと残念でした。

一番広いオーストラレイシアン分布域を生じた時のクレーターだけがよくわかっていません。中国の海南島やベトナム北部から水分の多い種類のテクタイトが見つかっています。これらのテクタイトは、衝突時にあまり上空まで持ち上げられなかったのだろうと考えられ、オーストラレイシアン分布域のクレーターはこの地域の近くだろうと思われています。

実際、重力に異常があるという観測から、ベトナム沖の東方１７５㎞のところに直径１００㎞のクレーターがあるという報告もあります。

大阪大学の私たちの研究グループは、中国の海南島にテクタイトの調査に赴きました。中国人の研究者と共同研究で道路工事現場からテクタイトを実際に採集したのですが、切り通しの崖にテクタイトがたくさん埋まっているのには驚きました。

アンダース教授の思い出

私は1978年から1980年までシカゴ大学のエドワード・アンダース教授の研究室にいました。博士号を取った後の武者修行で、一般にポスドクと呼ばれる研究員でした。

アンダース教授は、隕石中ダイヤモンドの成因についての衝撃説や太陽系内の元素存在度を決定するなど宇宙惑星化学の分野では大変著名な先生です。クリスマスの時（日本では元旦に相当する休日です）にも仕事を休まないというハードワーカーでしたが、苦労人で大変思いやりのある人でした。私がアメリカに到着した時のことです。アパートに着いた時に何も食べ物がなかったら困るだろうということで、冷蔵庫にちょっとしたジュースや果物を入れておいてくれました。確かに、着いたばかりはどこにどんな店があるかもわからない状態なので、ずいぶん助かりました。貧しくて苦労したことがある人なので、そういう細かいところにも気がつくのだろうと思います。

彼は、バルト三国の一国であるラトビアの人です。ラトビアにソ連が侵入した時に、母親と一緒にアメリカに命からがら亡命してきました。アメリカにきた時は、本当に貧乏で、しかも英語がろくに話せなかったそうです。ラトビアは北方の国で、バナナなど見たことがありません。アメリカの街で暖かい地域にしかできないバナナを初めて見た時、美味しそうで食べてみたいなあと思った

そうです。ところが、お金をあまり持っていません。そのバナナの値段を聞きたいと思ったそうですが、英語が話せないので聞けなかったということです。

しかし、猛勉強の末コロンビア大学を優等で卒業し、その後はシカゴ大学の教授になりました。教授なので、もちろん、指導しているアメリカ人学生の論文の英語も添削しています。

私は同じ研究室のそのアメリカ人学生に、「エド（アンダース教授）はアメリカにきた時、英語を話せなかったと言っていたよね。ところが、今はネイティブスピーカーである君の英文を直しているが、彼の英語はどうなの？」と、聞いたことがあります。その学生は、「私の英語よりもずっと正確な文法の英語ですよ」と笑って答えていました。

私は、大阪大学での講義や研究室での話しの時に、いつもこのアンダース教授の話を紹介して、「語学でも学問でも、何歳からでも努力すれば大成できるよ！」と、学生を鼓舞していました。

アンダース教授は時間に大変正確で、時間を大切にする人でした。時間を有効に使うためだと思います。乾杯の途中でも腕時計のブザーが鳴ると、乾杯せずに出て行ったという話が伝わっています。引退後はスイスに居られた時もあります。私が訪ねて行った時、駅まで見送ってくれました。私が、「スイスの鉄道は時間が正確なのでハッピーでしょう」と冗談を言うと、彼は、ちらっと腕時計を見て「いやあ、今日は20秒ほど遅れている」と答えて笑っていました。

アンダース教授

第4章

ロケットと宇宙探査

1　ロケットの飛行法

ロケットを最初に宇宙に飛ばそうとした頃、アメリカのある新聞社は、「宇宙には何も支えになるものがないから、ロケットは絶対に飛ぶわけがない」と言ったそうです。

なるほど、日本にも「ぬかに釘」あるいは「のれんに腕押し」などということわざがあるぐらいですから、支えになるものがないと力が入りません。空気中でいくら泳ぐ格好をしても前に進まないのと同じで、ロケットも真空中でいくらガスを噴射しても、噴射したガスを支えてくれる物がなければ、飛ばないような気がします。

ところが、そうではないのです。学校の授業で、皆さんも聞いたことがあると思いますが、物理法則に「作用反作用の法則」というのがあります。これは、ニュートン力学の第3法則で、「ある物体が別の物体に力を作用すると、その物体は同じ大きさで逆向きの力の作用を受ける」というものです。簡単にいうと、

「相手の頬を手でぶつと、相手の頬も痛いが自分の手も痛い」ということです。

ロケットは、燃料を爆発的に燃焼させて高速度で噴射しています。すると、ロケットは空間に作用したことになり、逆にその反作用を受けるのです。たとえば、大砲を撃つところを見ていると、弾を撃った時、その反動で大砲が弾の出る方向と反対側に動きます。これは大砲が反作用を受けたためです。銃を撃つ時もしっかりと銃を固定していないと、大きな反動がありますが、これが反作用です。テレビで刑事ものを見ていると、両手で銃を構えているのは、撃った時の反動を受けとめるためです。

ロケットが飛んでいくのは、燃料を噴射しつづけるからで、ずっと反動を受けながら進んでいくわけです。ロケットの推進力は、単位時間あたりの運動量（質量と速度をかけ合わせた量）として表されます。燃料の質量は小さくても、大きな速度で噴射することで、大きい運動量になり、大きい推進力を得ることができます。

この力が地球の重力に打ち勝てば、ロケットは宇宙に飛んでいくことになります。

地球で水平方向に物を投げると、投げた地点から少し離れたところで地表に落ちます。もっと大きい速度で投げると、もっと遠くに落ちます。さらに、ずっと大きい速度で投げると、物は地表に落ちないで、地球の周りを回ることになります。地球で水平に物を投げた時、地表に落ちてこないための最小速度は、秒速7・9kmで、これを「第1宇宙速度」と呼びます。

この速度では、ロケットは地表に落ちないで、地球の周りを回る人工衛星になります。さらに大きい速度を与えて、秒速11・2kmにすると、ロケットは地球の重力を振り切って、地球から離れます。この速度を「第2宇宙速度」（あるいは、単に「脱出速度」）と呼びます。惑星探査などに行くには、この速度以上にロケットを加速することが必要になります。

さて、地球の重力圏を脱出して、大気圏外に出れば、ロケットは燃料を燃やして噴射させなくても、そのままの速度で飛んでいきます。これは、空気の抵抗がないからです。ニュートンの運動の第1法則は「慣性の法則」といって、「物体は、外から力を与えられない限りは、静止したままか、動いている場合は同じ速度で運度をつづける」というものです。

大気圏外に出たロケットは、外からの運動を妨げる方向に働く力、すなわち空気による抵抗力がないので、何もしなくても同じ速度で飛んでいきます。向きを変えたい時だけ燃料に点火して噴射すれば良いのです。

遠いところに行く時は、ロケットは大きな速度を持つに越したことはありません。しかし、燃料タンクの大きさなどの制約もあります。

そのため、惑星探査機などでは、一般に「スイングバイ」という方法をとります。これは、大きな惑星の重力を使って、ロケットをスピードアップしたり、方向を変えたりするものです。

惑星は太陽の周りを公転しているので、その後ろ側から回り込んで方向を変えると、ロケットを加速させることができます。これは惑星がそのロケットを引っ張りながら動くことになるからです。

もちろん、スイングバイというのは、探査機を減速させることもできます。惑星の公転する前方を横切って方向を変えれば良いのです。

いずれの場合も、実は惑星と探査機の間で運動エネルギーのやり取りをしているわけですから、計算上は惑星の公転速度がわずかに変化をするはずです。

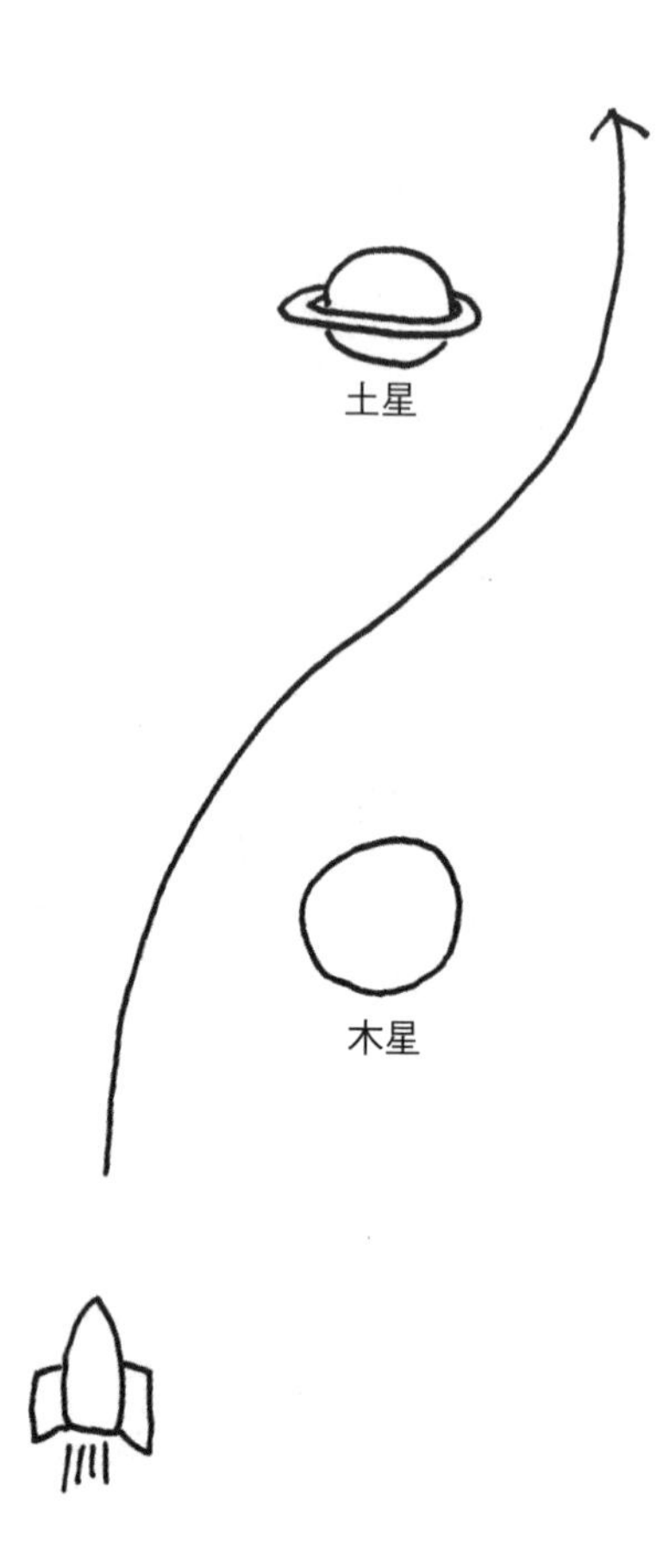

スイングバイによる方向転換

ただ、惑星と探査機の質量の差が大変大きいので、その影響はわずかです。

また、このように惑星などの重力をうまく使うスイングバイをするためには、惑星の位置が重要になります。必要な時にうまくその場所にいてくれないと困るからです。ですから、ロケットの打ち上げ時期も制限を受けることになります。

なお、人工衛星の場合には、月を利用したスイングバイなども行われています。

2　人工衛星

人工衛星が飛んでいるのは、地球の上空で空気のほとんどないところです。飛行機が飛ぶように、空気の浮力を受けて飛んでいるのではありません。人工衛星は、月が地球の周りを回っているのと同じように、人工衛星が地球から受ける重力と回る時の遠心力が釣り合った状態で飛んでいるわけです。

先の項目で述べたように、物体が地球に落ちないで、ちょうど円を描いて地球の周りを回るようになる時の速度が第1宇宙速度です。さらに速度を上げて発射すると、物体は楕円軌道を描いて、地球を回るようになります。もっと、速度を上げて、第2宇宙速度になれば、物体は地球を離れてしまいます。

ですから、人工衛星になるためには、物体の発射速度がこの第1宇宙速度と第2宇宙速度の間であれば良いのです。また、遠心力と地球との万有引力の釣り合いの式を解けば、高度と人工衛星の速度の関係を出すことができます。

地球上のいつも同じ場所にいる衛星を静止衛星といいますが、これは人工衛星の速度が地球の自転速度と同じ速度になる高度に打ち上げたもので、赤道の上空約３万６０００㎞のところを回っています。

　さて、高いところにある人工衛星ほど、地球との距離は長いので、人工衛星と地球間の万有引力は弱くなります。これに遠心力を釣り合わすためには、人工衛星の速度を小さくする必要があります。というわけで、人工衛星は高いところを飛んでいるものほど、遅い速度で回っています。このことは大変面白いことを示唆しています。

　人工衛星の飛んでいるところは、薄いといえども多少の空気はあるので、その抵抗を受けて、人工衛星の高度がだんだんと下がってきます。すると、人工衛星はだんだんと速い速度で地球を回るようになるわけです。一般に飛行機や車は「空気の抵抗を受けると速度が遅く」なります。ところが、人工衛星は、「空気の抵抗受けてどんどん速くなる」というわけです。

空気
人工衛星は空気の抵抗で
落下して速度が増す！

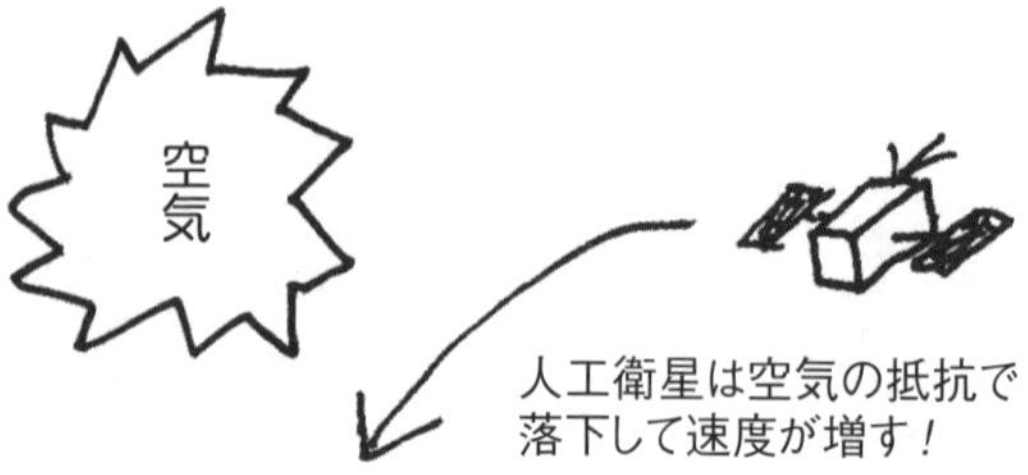

これは、どう考えれば良いのでしょう？　空気の抵抗で人工衛星の持つエネルギーの一部が熱エネルギーに変わります。エネルギーを失い、人工衛星の高度が下がります。ところが、高度が下がった分による位置エネルギーの減少は大きく、計算によると、摩擦により失った熱エネルギー分はその半分にしか相当しないのです。それで、位置エネルギーの減少分の残りの半分が運動エネルギーになって人工衛星の速度が増すというわけです。

3　宇宙ステーションでの生活

国際宇宙ステーション（ＩＳＳ）は、それまでは、各国が競争していた宇宙開発を、競争ではなく国際協力で行おうという趣旨で建設された宇宙ステーションです。アメリカ、ロシア、日本、ヨーロッパ各国、カナダが参加していま す。２０１４年には若田光一宇宙飛行士が日本人初の船長になり、話題になりました。

ＩＳＳの建設は、１９９８年から始まり、40数回にわたって各部品を打ち上げ、宇宙空間で組み上げられました。全体が完成したのは2011年7月のことです。

地球の約400㎞上空にあり、大きさは108m×72mと、ほぼサッカー場ほどの大きさです。質量は約420トンもあるということです。1日に地球を16周しますから、日の出、日の入りが16回ずつあることになります。

ISSは実験や研究を行う「実験モジュール」と生活の場である「居住モジュール」から成っています。日本の実験棟は「きぼう」という名になっています。高真空・無重力状態におけるさまざまな面白い実験をしています。船外実験などもできるよう、船内から遠隔操作できるロボットアームや船外実験台もあります。JAXAでは、きぼうの船内実験案の募集もしています。

宇宙ステーションの中は、もちろん無重力ですが、宇宙服を着なくても過ごせるよう、地球の大気と同じ状態になっています。ISSからのテレビ中継などもよく行われていますが、気楽な格好で浮いている様子がおなじみになりました。

さて、2014年5月に、若田さんはロシアのソユーズ宇宙船でカザフスタンの草原地帯に着陸、地球に無事帰還しました。その際、2人の屈強な大人に抱えられて、運ばれている姿が印象的でした。若田さんは188日間宇宙にいたのですが、地球上では歩けないほど筋肉が弱ってしまったようです。

宇宙に出ると、一番の問題は無重力です。

人間は、普通地球表面で暮らしていますから、重力下で血液は下に向かって引っ張られながら、心臓が働いて血液を体中に送っています。ですから、無重力になると、血液が上半身の方に集まってしまうことになります。このため、顔がむくんだり（「ムーンフェイス」といいます）、鼻づまりの状態になります。これは体全体が新しい環境に慣れるまで続きます。

また、心臓は無重力状態で血液を送ることになり、負担がかからないため、機能が弱くなっていきます。

宇宙に行くと顔が丸くなる！

いません。

また、血液中の白血球や赤血球も変化するようですが、詳しい影響はわかっていません。

また、「宇宙酔い」というのがあります。症状は、倦怠感、眠気、吐き気などで、乗り物酔いに似ているそうです。3日から1週間ぐらいで治るようですが、個人差があって、まったくかからない人もいるようです。原因はよくわかっていませんが、無重力による感覚のアンバランスが関係していると考えられています。

その他、筋肉の委縮や骨からのカルシウムの流出などが問題になります。筋肉の委縮も骨が弱るのも、無重力下では、重い頭や体の各部を支える必要がなくなり、体の構造が弱くても大丈夫になるからです。

このため、宇宙ステーションでは、いろいろな運動をする必要があります。毎日2時間ぐらいは運動をする必要があるそうです。

もし、将来人類が火星などに行くことがあれば、無重力状態の閉鎖空間で何カ月も過ごさなくてはなりません。火星に到着後、次の良い時期を待って地球に帰ってくるには、往復で2年半ほどかかります。その時には、精神的な強さもかなり要求されるでしょう。

　地球上でこういったことを研究するには、ベッドの上で寝たきり（無重力に相当）で何カ月も過ごさせるような実験をするようです。最初は、楽で良いと思っていた人もすぐに音を上げるようです。

　アポロ飛行士で、月から帰ってきてから宗教関係のことにかかわる人が多いのは、有名な話です。月面上で宗教的な啓示を受けたのか、あるいは宇宙からみた地球の姿に何か超自然的なものを感じたからかもしれません。うつ病になった人もいますが、これは大切なミッションを成し遂げた後のバーンアウト症候群によるものかもしれません。

4 「はやぶさ」の快挙とは？

「はやぶさ」は2003年5月9日に鹿児島県の内之浦から打ち上げられました。打ち上げたのは、宇宙科学研究所ですが、この研究所は、同年10月1日にJAXAとして統合されました。

はやぶさのミッションは小惑星イトカワに行って、その試料を採取し、地球に持ち帰るというものでした。

小惑星は火星と木星の間にある小惑星帯にある惑星です。小惑星イトカワはピーナッツあるいはラッコのような形をしていますが、長い方の大きさは500mほどしかありません。東京ドームの直径が約244mですから、その2倍ぐらいの長さです。これまでは、月の土壌や太陽風、彗星の塵などを持ち帰ったサンプルリターンはありますが、このような遠くまで行って、しかもこんな小さな天体からサンプルを持ち帰るというのは、世界的にも例がない計画だったのです。地球から3億㎞離れたところにある500mの物体というと、東京・

大阪間が大体６００㎞ですから、東京から見ると、大阪にある１㎜の物体ということになります。

小惑星イトカワが地球からもっとも遠い位置にある時には、地球から電波で探査機にある命令を送っても20分もかかるようです。ですから、はやぶさには、得た画像などから自分で次の行動を判断できるロボットのような機能も必要でした。

また、このような小さい天体では重力もほとんどありませんから、どのようにしてサンプルを採取するかも問題でした。

着地できる場所が土なのか石なのかもわからないのです。さまざまなアイデアがあったようですが、結局イトカワに弾丸のようなものをぶつけて、舞い上がってくるものをロートのようなもので回収するという方法になりました。

はやぶさは、イオンを電気的に加速して推進力にするイオンエンジンと地球の重力を利用したスイングバイにより、２００５年９月にイトカワに到着しました。９月４日に初めてイトカワを撮影し、12日にはイトカワから20㎞の地点に到達して、探査機はそこから、イトカワと一緒に太陽の周りを回るようになりました。そして、イトカワの大きさや表面の様子を調べました。着陸地点をどこにするかを決める必要もありました。

ここで、姿勢制御不能になるというトラブルがありましたが、それも何とか切り抜け、サンプル採取をすることになりました。3回ほど落下のリハーサルを行い、11月20日に88万人の名前の書かれたターゲットマーカー（落下する時の目印）をイトカワに落下させました。これを目印にはやぶさは落下を始めたのですが、途中で一度自発的に降下を中止、一度上昇してからそのまま不時着のような形で一度バウンドしてイトカワ表面に着地しました。地球の管制室からの緊急命令で、表面から離れましたが、管制室では、はやぶさに何が起こっていたのかよくわからない状態でした。確かに着陸していて、1秒の予定だったのが、30分も表面にいたことは後からのデータ解析でわかったことです。降下中止命令がでていたのもかかわらず、落下したので、弾丸は発射されずじまいでしたが、舞い上がったものがサンプルとして採取されたことが期待されました。

11月26日には2回目のタッチダウンが行われました。予定どおり1秒間の後イトカワを離れましたが、何らかのトラブルで弾丸は発射されなかったようです。それでも後からサンプル容器にはイトカワの微粒子の試料が入っていることがわかりました。

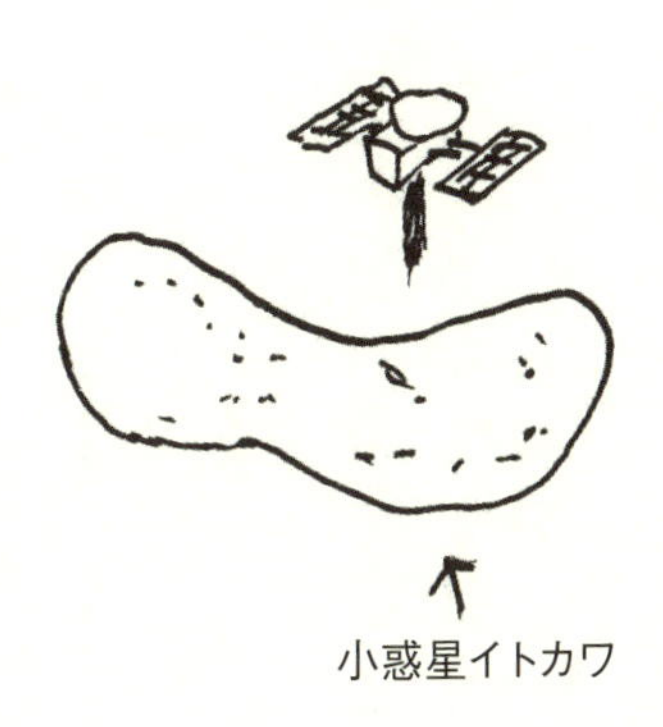
小惑星イトカワ

無事着陸
できたかなあ？
管制室

その後、燃料漏れがあったり、通信が途絶えたりして、当初は２００７年に、地球に帰還するはずだったのが、２０１０年になることになりました。燃料電池11個のうち４個がショートをし、試料容器を地球帰還カプセルに入れてふたを閉めることができないなどのトラブルがありました。しかし、２００７年１月にはそれも解決しました。

姿勢制御装置の故障、電池の放電やショート、イオンエンジンもいつ止まるか分からないような状態で、時々音信不通になりながらも、はやぶさは地球に戻ってきました。総飛行距離は60億㎞でした。そして、大気突入して、はやぶさ本体はばらばらになって光輝きながら燃え尽きてしまいました。真夜中でしたが、満月の倍の明るさになったということです。そして、地球帰還カプセルだけが、パラシュートが開き、オーストラリアの砂漠に２０１０年６月13日に無事着地したのです。

探査機はやぶさは、小惑星まで行きサンプルを採取、さまざまなトラブルにもかかわらず、５年間もかかって地球に帰ってきました。そのけなげな姿に日本中が感動したのです。

カプセルに入っていた微粒子は間違いなく、小惑星イトカワのものであることが、日本の研究者達によって明らかになりました。そして、イトカワがＬＬコンドライトという隕石の種類であること、イトカワは、その母天体が一度破壊された後に再集積したものであること、太陽風などによる宇宙風化があることなど、その詳しい歴史が次々と明らかになりました。

5 「はやぶさ2」で何をめざすのか？

はやぶさの成功は日本のロケット技術の素晴らしさを世界に証明しました。はるか遠くの長さが５００ｍしかない小惑星にまで正確に探査機をつけ、試料を採取、そして地球に帰還させることが可能であることを世界に示したのです。

実は、はやぶさは、どの小惑星に行くかということよりも、ロケットのイオンエンジンの推進、稼働や、微小重力しかない小さな天体への接近とそこでの試料採取、そして地球への帰還など、主にロケット工学的な側面に重きが置かれていたのです。それは、素晴らしい成功を収めました。

小惑星イトカワから採取した試料は、ＬＬコンドライトという種類の隕石と同じものでした。ＬＬコンドライトとは、コンドライトを化学的に分類した時のある一つのグループ名です。さらに、そのＬＬコンドライトの中でも熱による変成をかなり受けた部類に属するものでした。

隕石学者が本当に研究したいのは、太陽系ができた時そのままの姿をとどめている隕石試料です。そういう種類の隕石の小惑星に行って、宇宙空間で直接試料を採取することができれば、大変面白い研究結果が得られるはずです。

イトカワはS型小惑星でした。はやぶさ2が目指す小惑星は、C型小惑星１６２１７３（１９９９ＪＵ３）です。大きさは直径が約９００ｍで球形に近い形をしています。この小惑星は、前に述べたリンカーン地球近傍小惑星探査（ＬＩＮＥＡＲ）により１９９９年に発見されたものです。２０１５年10月に愛称は「リュウグウ」と決まりました。

S型だとかC型というのは、小惑星の分類です。小惑星の光のスペクトルの形や反射率などを使って分類しています。これらの特徴は、小惑星の表面の化学組成と関係しています。小惑星の各スペクトル型は、地球で手に入る実際の隕石の種類と大体対応がついています。

C型小惑星は、コンドライトの中でも最も始源的である炭素質コンドライトといわれる種類の隕石からなる天体ではないかと思われている小惑星なのです。炭素質コンドライトは、水も含み、有機物もあることが知られています。太陽系ができた時のそのままの姿で46億年間を過ごしてきたものなのです。ですから、はやぶさも、はやぶさ2のどちらも小惑星に探査機を着陸させるわけですが、隕石学者にとっては、研究対象としての試料に雲泥の差があるのです。

地球の生命は、地球で発生したものではなく、宇宙からもたらされたという説もあるぐらいです。ですから、このような小惑星の試料を持ち帰ることにより、太陽系での生命の起源を探る糸口をつかめるものと期待されます。

生命の宇宙誕生説を唱えたのは、ホイルという著名な学者です。彼は、元素の宇宙存在度などを参考に、恒星内での元素合成の理論をつくり上げたことで有名です。また、宇宙の始まりについての「ビッグバン」という言葉を初めて使ったのも彼なのです。

彼の説は、宇宙から生命の胚種（パンスペルミア）が地球に到達したということで、「パンスペルミア仮説」と呼ばれています。彼によれば、ウイルスも彗星などにのってやってくると考えています。

もし、地球の生命が地球上で発生したのでないとなると、それはそれで重要なことですが、もし宇宙で生命が発生したとしても、そのメカニズムを知る必要があるのは同じです。

はやぶさ２では、高速の衝突体をぶつけて、人工のクレーターをつくり、小惑星内部の観察かつ試料採取をすることも計画されています。はやぶさの探査でわかったように、小惑星の表面は太陽風によって宇宙風化を受けている可能性があるからです。重さ２キログラムの弾丸を秒速２㎞でぶつけてクレーターをつくるようになっています。

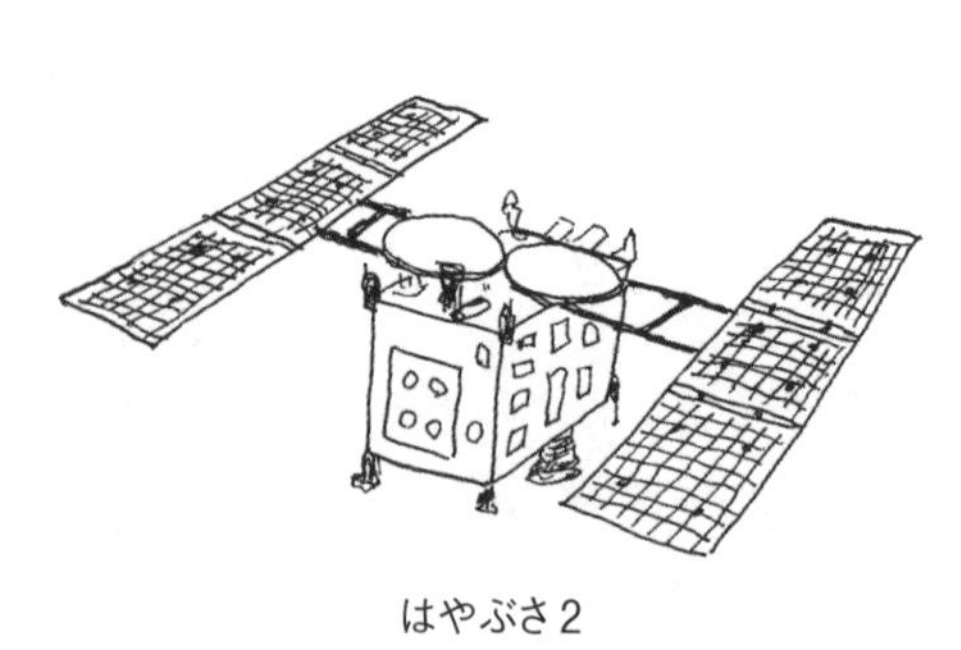
はやぶさ２

はやぶさ２は２０１８年夏頃に小惑星に到着、１年半ほど小惑星を探査して、３回タッチダウンして試料を採取します。また、小型着陸機と探査ロボットを降ろして小惑星を探査する予定です。2019年冬頃に小惑星から離脱し、2020年末頃に地球に戻ってくる予定になっています。ちょうど東京オリンピックの年です。

はやぶさ2のイオンエンジンははやぶさよりも推力が20％増強されています。また、アンテナはお椀型一つから平らな二つになり、異なる周波数の電波を受信できます。

6　宇宙人の存在について

今のところ、地球以外で生き物のいる星は見つかっていません。

長い間、太陽系内では、生き物のいる可能性は火星だと思われていました。実際、火星の環境でも生きていけるような地球の生物はいるようです。

NASAは1970年代のバイキング計画で、火星の2カ所で生命の探査をしましたが、結果は否定的でした。火星の土壌を取って有機物を調べたのですが、まったく有機物はみられず、微生物の培養実験でも否定的な結果でした。

1996年、火星から飛来したと考えられている火星起源の隕石ALH84001に生命体のような物体が存在することが報告されました。写真を見るとまさにバクテリアのような形をしています。

鳩や鮭の頭の中には地球の磁場を探知するマグネタイトがあります。また、走磁性バクテリアというマグネタイトを持った細菌もいます。研究者はこのような生物由来のマグネタイトがこの隕石中に存在すると主張しました。しかし、マグネタイトは生物起源のものばかりではなく、電子部品の材料として工業的にも大量合成されています。火星起源の隕石中のマグネタイトが、無機的なものであるか実際に有機的な生命体であるかどうかについては、大きな議論がありましたが、現在では否定的な意見が多いようです。

しかし、これがきっかけとなって、NASAは火星に新たに探査機を送りました。キュリオシティです。現在も火星表面で活動中ですが、水の存在した証拠は見つけたものの直接的な生命体の証拠はまだ見つかっていません。

月には大気がないし、他の惑星もかなり過酷な状況です。生命体の存在の可能性はないと思わざるを得ません。

可能性があるとすれば、土星か木星の衛星でしょう。実際、いろんな探査機による調査が行われています（第2章「6　太陽系探査」を参照）。

太陽系以外の広い宇宙には、生物のいる星があるに違いありません。恒星はもちろん高温で可能性がありませんが、太陽系のような惑星系があれば、その惑星に可能性があります。太陽系以外の惑星系を「太陽系外惑星系」といい、その惑星を「太陽系外惑星」あるいは、単に「系外惑星」とも呼びます。現在

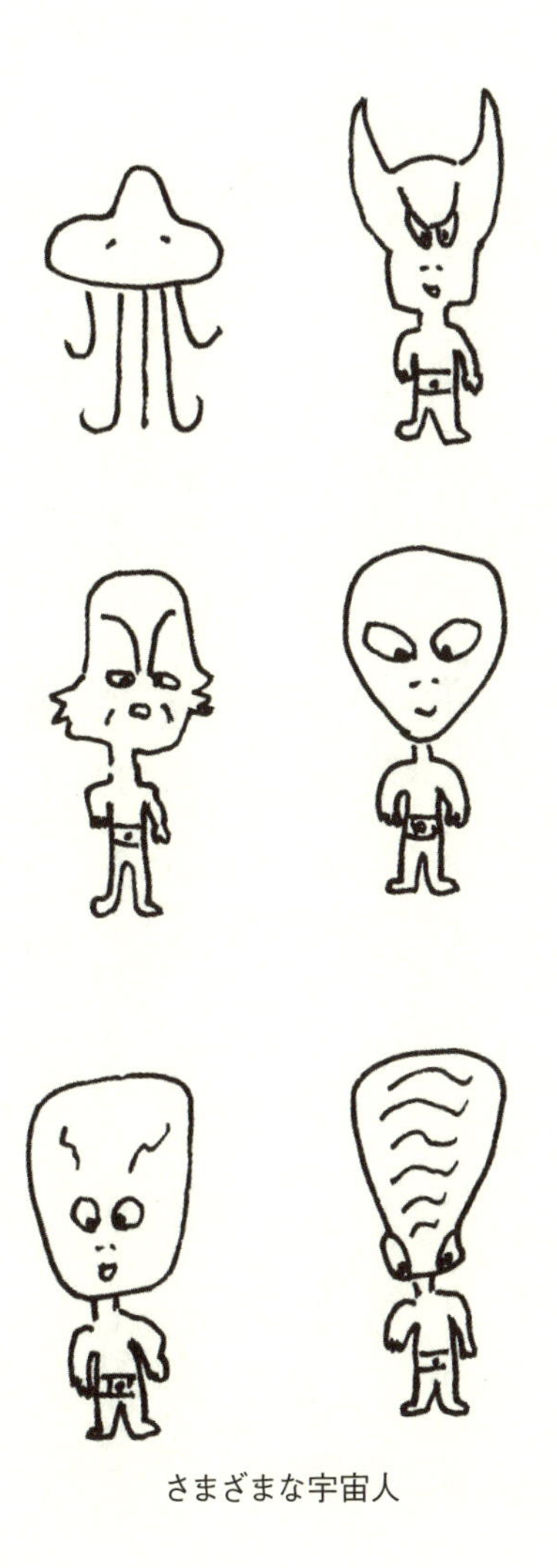

さまざまな宇宙人

1000個以上の太陽系外惑星が発見されています。もしかしたら、その中に、文明の進んだ知的高等生物もいるかもしれません。しかし、そういう生物と交信できるかというと、それはほぼ不可能に違いありません。

2014年6月には、太陽系に一番近い系外惑星として、16光年先に地球の5倍ほどの質量の惑星「グリーゼ832c」が発見され、話題になりました。こんなに近いところにという驚きを持って伝えられましたが、それでも、信号を送信してから、返事が戻ってくるのに、往復32年もかかってしまうことになります。

1960年には「オズマ計画」というのがありました。電波望遠鏡で、宇宙人の発信する電波を捕まえようというわけです。ウエストバージニア州のグリーンバーグにある天文台の電波望遠鏡をエリダヌス座のイプシロン星とくじら座のタウ星に向けて、21㎝の波長の電波を受けようとしました。この波長は電離した水素の発する波長で、宇宙人が使うとしたら、この波長だと考えたわけです。

私たちの銀河内に知的文明がどれだけあるかという計算式があります。銀河系内に1年間に星が生まれる数、それらの星の中で惑星を持つ星の割合、惑星の数、生命の存在できる環境を持つ割合、知的生物が出現する割合、他の宇宙人（私たち！）と通信できる能力を持つ割合、そして、その知的文明の寿命をすべてかけ合わせた数が、銀河系内における私たちと交信できる文明の数というわけです。ところが、この計算結果は、人によってまちまちで、数千という人もいれば、1以下という人もいます。それぞれにどういう値を入れるかよって大きく変わります。

残念ながら、オズマ計画は成功せず、中止になりました。その後もこうした宇宙人からの電波を捕まえようとする試みは行われましたが、成功していません。

宇宙からの電波を捕まえるだけではなく、地球からも積極的に電波を送りだそうとする計画もあります。１９７４年にはプエルトリコのアルシボ郊外にある直径３００ｍのパラボラアンテナをつかって、ヘラクレス座の球状星団に向かって、電波を送信しました。しかし、このメッセージが届くのに2万４０００

年もかかります。たとえ相手がすぐに返事をくれても、地球に届くには、さらに2万4000年かかるのです。

太陽系の探査を終えて、宇宙に飛び立ったパイオニアやボイジャーには、宇宙人へのメッセージが載せてあります。いつかどこかで、宇宙人がそれを見つければ、私たちの存在と太陽系の位置を知ってくれる日がくるかもしれません。

Coffee Break 4 隕石カフェ

芸術と科学者

科学者で音楽が好きな人はたくさんいます。たとえば、アインシュタインはバイオリンを演奏するのが好きでしたし、量子力学の創始者であるハイゼンベルグはピアノの名手でした。若い頃はピアニストになろうと思ったそうです。また、ピアノのコンクールで有名なショパンコンクールで優勝した人で物理学者になった人もいるようです。私の友達にもプロ顔負けの楽器の名手がいます。

どうも科学をする時と音楽をする時の脳の領域が近いのかもしれません。科学者は自然の中のハーモニーを探るわけですが、それは旋律の奏でるハーモニーを感じる快感と似ているのでしょう。

ところが、科学者で画家となると、あまり思い浮かびません。思いつくのは、レオナルド・ダ・ビンチぐらいです。彼はもちろん画家としても科学者としても有名すぎるぐらい有名です。レオナルド・ダ・ビンチは万能の天才なので例外で、もしかしたら、構図や色彩感覚と科学の感性は一般には相いれないのかもしれません。

私自身は若い頃から音楽はさっぱりダメでした。高校の音楽の時間に先生がピアノで和音を弾き、それを当てるような授業がありましたが、まるでわからず（そういう学生がクラスに私を含め3人いました）、先生が最後に怒り出す始末でした。本当にわからないということ自体を、先生が理解できないようでした。「しっかり聴かないから、わからないのだ」ということで叱られましたが、本当にわからないのです。歳をとってから、「先天的な音痴はいないから訓練すれば大丈夫」とも言われましたが、私にはとても信じられません。そういったわけで、音感はまったくありません。

それでも、絵画や工芸などの美術には興味があり、点数も悪くなかったのです。それで、藝大に行きたかったのですが、「芸術では飯は食えないぞ」と言われ、物理学の方の道に進みました。そして、シュリーマンの夢ではないのですが、退職後に東京藝術大学にチャレンジしたというわけです。歳をとるとなんでもすぐ忘れてしまうので、世界史などの暗記ものには苦労しました。センター試験も受験しましたが、受験会場に入ると試験監督の先生からおじきをされました。どうも試験官の監督と間違えられたようです。そして、机に座ると周りの高校生からじろじろと眺められました。

東京藝大に入学してから、芸術家には宇宙や科学が結構好きな人が多いということに驚きました。宇宙の神秘的で雄大なイメージを芸術に取り入れたいと思っているようです。未知のものに対する憧憬ということでは、芸術家も科学者も同じです。

レオナルド・ダ・ビンチ

おわりに

私が前に『地球・宇宙の大疑問――太陽の寿命はあとどれくらいか…?』(ベストセラーズ)という一般向けの科学の本を出したのは、1994年のことです。大阪大学宇宙地球科学科の惑星科学研究室の助教授時代の最後の年でした。当時は、宇宙地球科学には最新の観測結果や研究結果があるにもかかわらず、一般にはあまり知られていないことが残念なのと、我が家にも子供たちがいたので、そういった一般向けの宇宙地球科学の本を書くのも良いかなと思い、お引き受けしました。

しかし、その後は自分の研究の方が忙しくなり、そのような一般向けの本は書く時間も機会もありませんでした。それから21年もの月日が経ちました。私は、助教授、教授として大阪大学に勤めた後、3年前に退職しました。

前の本を書いた1994年は、7月に木星に彗星が衝突するだろうという時で、大騒ぎになっていました。実際、この彗星は7月に木星に衝突し、地球外天体への彗星衝突を人類が観測した最初になりました。

この21年の間に、宇宙の研究は飛躍的に発展しました。宇宙におけるダークエネルギー、ダークマターという言葉を2000年頃から耳にするようになりました。そして、2006年には冥王星が惑星から外されることになりました。私たちが小さい時に学んだことが、突然変更されたのです。

1995年には火星からきたと思われる隕石に生命の痕跡らしきものが報告されました。その結果、火星や彗星を始め、さまざまな太陽系内天体への探査も大きく進展しました。アメリカの火星の探査機「キュリオシティ」は、現在も火星表面で生命の痕跡を探して活動中です。

2007年には、日本の月の周回衛星「かぐや」がハイビジョンカメラで月の写真を送ってきましたが、その鮮明さに皆が驚きました。2010年には、探査機「はやぶさ」がぼろぼろになりながらも小惑星から試料を地球に持ち帰るという快挙もありました。日本中の多くの人が、大気圏に入って最後に燃え尽きたはやぶさの姿に涙しました。

最近では、国際宇宙ステーションからのテレビ中継なども日常茶飯事のことになりました。私たちにとって、宇宙が大変身近になったのです。

　そこで、再度このような宇宙惑星科学についての新しい知識や発見を、私の行ってきた隕石の研究を中心に紹介する本を出したいなと思いました。そこで、前の『地球・宇宙の大疑問』の本の宇宙の部分を大幅改訂し、その後の新しい発見や実際に私の行った隕石の研究内容なども書き加えてできあがったのがこの本です。

　この本が、宇宙惑星科学の新しい発見と科学研究の面白さを知っていただける手掛かりになればと思います。

　この本の刊行の機会を与えてくださった大阪大学出版会の編集長の岩谷美也子さんに感謝します。また、編集部の栗原佐智子さんからはさまざまなコメントをいただき、この本をより楽しくわかりやすく仕上げることができました。編集全般に関してお世話になり、ここに感謝します。

平成27年11月

松田准一

松田 准一（まつだ・じゅんいち）
1948年兵庫県生まれ。東京大学（物理学科）、東京大学大学院（地球物理学専攻）を修了。理学博士。専攻は宇宙地球科学。神戸大学助手、助教授、大阪大学助教授、教授を経て、2012年に退職。現在、大阪大学（大学院理学研究科）名誉教授、国際隕石学会フェロー。日本地球化学会元会長。研究においては、日本地球化学会賞、三宅賞、Geochemical Journal論文賞など、教育においては、大阪大学教育・研究功績賞、大阪大学共通教育賞などを受賞。
2013年東京藝術大学美術学部芸術学科に入学。現在、大学生。

阪大リーブル51

隕石でわかる宇宙惑星科学

発行日　2015年12月7日　初版第1刷　〔検印廃止〕
　　　　2016年1月15日　初版第2刷

著　者　松田准一

発行所　大阪大学出版会
　　　　代表者　三成賢次
　　　　〒565-0871
　　　　大阪府吹田市山田丘2-7　大阪大学ウエストフロント
　　　　電話：06-6877-1614（直通）　FAX：06-6877-1617
　　　　URL　http://www.osaka-up.or.jp

印刷・製本　株式会社 遊文舎

ISBN 978-4-87259-433-1　C1344

HANDAI Live

阪大リーブル

001 ピアノはいつピアノになったか？（付録CD「歴史的ピアノの音」） 伊東信宏 編 定価 本体1700円+税

002 日本文学　二重の顔 〈成る〉ことの詩学へ 荒木浩 著 定価 本体2000円+税

003 超高齢社会は高齢者が支える 年齢差別（エイジズム）を超えて創造的老い（プロダクティブエイジング）へ 藤田綾子 著 定価 本体1600円+税

004 ドイツ文化史への招待 芸術と社会のあいだ 三谷研爾 編 定価 本体2000円+税

005 猫に紅茶を 生活に刻まれたオーストラリアの歴史 藤川隆男 著 定価 本体1700円+税

006 失われた風景を求めて 災害と復興、そして景観 鳴海邦碩・小浦久子 著 定価 本体1800円+税

007 医学がヒーローであった頃 ポリオとの闘いにみるアメリカと日本 小野啓郎 著 定価 本体1700円+税

008 歴史学のフロンティア 地域から問い直す国民国家史観 秋田茂・桃木至朗 編 定価 本体2000円+税

009 懐徳堂 墨の道　印の宇宙 懐徳堂の美と学問 湯浅邦弘 著 定価 本体1700円+税

010 ロシア　祈りの大地 津久井定雄・有宗昌子 編 定価 本体2100円+税

011 懐徳堂 江戸時代の親孝行 湯浅邦弘 編著 定価 本体1800円+税

012 能苑逍遥(上)　世阿弥を歩く 天野文雄 著 定価 本体2100円+税

013 わかる歴史・面白い歴史・役に立つ歴史 歴史学と歴史教育の再生をめざして 桃木至朗 著 定価 本体2000円+税

014 芸術と福祉 アーティストとしての人間 藤田治彦 編 定価 本体2200円+税

015 主婦になったパリのブルジョワ女性たち 一〇〇年前の新聞・雑誌から読み解く 松田祐子 著 定価 本体2100円+税

016 医療技術と器具の社会史 聴診器と顕微鏡をめぐる文化 山中浩司 著 定価 本体2200円+税

017 能苑逍遥(中)　能という演劇を歩く 天野文雄 著 定価 本体2100円+税

018 太陽光が育くむ地球のエネルギー 光合成から光発電へ 濱川圭弘・太和田善久 編著 定価 本体1600円+税

019 能苑逍遥(下)　能の歴史を歩く 天野文雄 著 定価 本体2100円+税

020 懐徳堂 市民大学の誕生 大坂学問所懐徳堂の再興 竹田健二 著 定価 本体2000円+税

021 古代語の謎を解く 蜂矢真郷 著 定価 本体2300円+税

022 地球人として誇れる日本をめざして 日米関係からの洞察と提言 松田武 著 定価 本体1800円+税

023 フランス表象文化史 美のモニュメント 和田章男 著 定価 本体2000円+税

024 懐徳堂 漢学と洋学 伝統と新知識のはざまで 岸田知子 著 定価 本体1700円+税

025 ベルリン・歴史の旅 都市空間に刻まれた変容の歴史 平田達治 著 定価 本体2200円+税

026 下痢、ストレスは腸にくる 石蔵文信 著 定価 本体1300円+税

027 セルフメディケーションのためのくすりの話 那須正夫 著 定価 本体1100円+税

028 格差をこえる学校づくり 関西の挑戦 志水宏吉 編 定価 本体2000円+税

029 リン資源枯渇危機とはなにか リンはいのちの元素 大竹久夫 編著 定価 本体1700円+税

030 実況（ライブ）・料理生物学 小倉明彦 著 定価 本体1700円+税

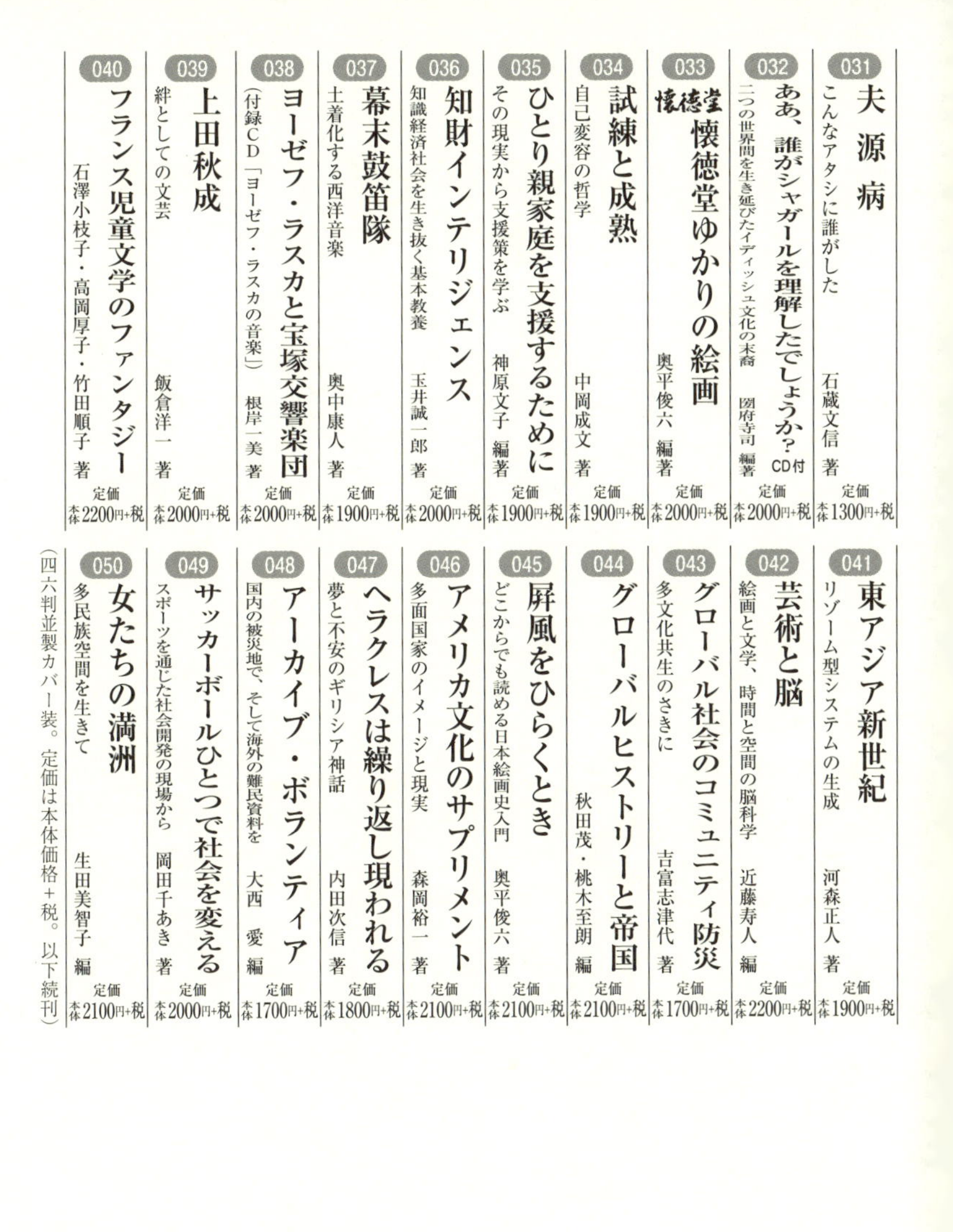

				定価
031	夫 源 病	こんなアタシに誰がした	石蔵文信 著	本体1300円+税
032	ああ、誰がシャガールを理解したでしょうか? CD付	二つの世界間を生き延びたイディッシュ文化の末裔	圀府寺司 編著	本体2000円+税
033	懐徳堂 懐徳堂ゆかりの絵画		奥平俊六 編著	本体2000円+税
034	試練と成熟	自己変容の哲学	中岡成文 著	本体1900円+税
035	ひとり親家庭を支援するために	その現実から支援策を学ぶ	神原文子 編著	本体1900円+税
036	知財インテリジェンス	知識経済社会を生き抜く基本教養	玉井誠一郎 著	本体2000円+税
037	幕末鼓笛隊	土着化する西洋音楽	奥中康人 著	本体1900円+税
038	ヨーゼフ・ラスカと宝塚交響楽団	(付録CD「ヨーゼフ・ラスカの音楽」)	根岸一美 著	本体2000円+税
039	上田秋成	絆としての文芸	飯倉洋一 著	本体2000円+税
040	フランス児童文学のファンタジー		石澤小枝子・高岡厚子・竹田順子 著	本体2200円+税
041	東アジア新世紀	リゾーム型システムの生成	河森正人 著	本体1900円+税
042	芸術と脳	絵画と文学、時間と空間の脳科学	近藤寿人 編	本体2200円+税
043	グローバル社会のコミュニティ防災	多文化共生のさきに	吉富志津代 著	本体1700円+税
044	グローバルヒストリーと帝国		秋田茂・桃木至朗 編	本体2100円+税
045	屏風をひらくとき	どこからでも読める日本絵画史入門	奥平俊六 著	本体2100円+税
046	アメリカ文化のサプリメント	多面国家のイメージと現実	森岡裕一 著	本体2100円+税
047	ヘラクレスは繰り返し現われる	夢と不安のギリシア神話	内田次信 著	本体1800円+税
048	アーカイブ・ボランティア	国内の被災地で、そして海外の難民資料を	大西 愛 編	本体1700円+税
049	サッカーボールひとつで社会を変える	スポーツを通じた社会開発の現場から	岡田千あき 著	本体2000円+税
050	女たちの満洲	多民族空間を生きて	生田美智子 編	本体2100円+税

(四六判並製カバー装。定価は本体価格+税。以下続刊)